ATLAS VISUALES O
ANATOMIA

ATLAS VISUALES OCÉANO
ANATOMÍA

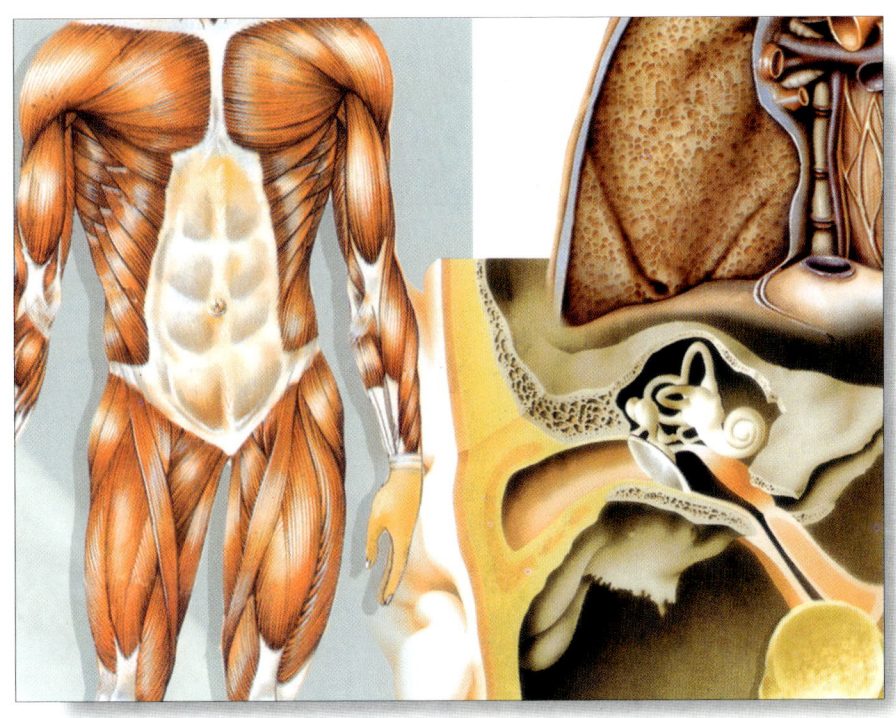

OCEANO

Dirección editorial: Carlos Gispert
Dirección del proyecto: Joaquín Navarro
Edición: Xavier Ruiz Fernández
Diseño interiores: Ton Ribas
Diseño cubiertas: Juan Pejoan

© MCMXCIX OCEANO GRUPO EDITORIAL, S.A.
EDIFICIO OCEANO • Milanesat, 21-23
08017 Barcelona (España)
Tel. 93 280 20 20* • Fax: 93 280 56 00
http://www.oceano.com • e-mail: info@oceano.com

Queda rigurosamente prohibida, sin la autorización escrita del editor, bajo las sanciones establecidas en las leyes, la reproducción parcial o total por cualquier medio o procedimiento, comprendidos la reprografía y el tratamiento informático, así como la distribución de ejemplares de ella mediante alquiler o préstamo público.

ISBN: 84-494-1277-3
Depósito Legal: B-1574-99
10243949

Impreso en España / *Printed in Spain*

ANATOMÍA

Sumario

Aparato locomotor

Aparato digestivo

Aparato respiratorio

Aparato circulatorio

Sistema linfático

Aparato excretor

Aparato reproductor

Sistema endocrino

Sistema nervioso

Órganos de los sentidos

INTRODUCCIÓN

Con el Atlas de Anatomía pretendemos ofrecer una obra clara y amena que resulte de interés para el lector. En ella podrá hallar la información más completa y actualizada sobre la ciencia que estudia el cuerpo humano.

La obra posibilita diversos niveles de lectura, desde la consulta puntual hasta el estudio en el aula, en función de la edad y de los intereses específicos de cada lector.

El texto aúna rigor científico y voluntad didáctica. Sus contenidos están expuestos de forma clara y comprensible, y proporcionan toda la información necesaria para el estudio de la anatomía humana. Las ilustraciones han sido elaboradas con criterios pedagógicos: las figuras, el color y la descripción detallada permiten al lector un conocimiento preciso de la estructura de nuestro cuerpo. La interrelación que se establece entre las distintas ilustraciones facilita un estudio detallado de cada órgano y, a la vez, una visión de conjunto del organismo.

Los destinatarios de este Atlas son fundamentalmente los jóvenes en edad escolar, pero también todas aquellas personas que deseen disponer de una obra de referencia que resuelva todas sus dudas y les permita incrementar sus conocimientos sobre la anatomía humana.

LOS EDITORES

Aparato locomotor

Generalidades

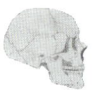

El aparato locomotor es un conjunto de estructuras que permite a nuestro cuerpo efectuar cualquier tipo de movimiento. Además, nos faculta para relacionarnos con los demás miembros de nuestra especie. El aparato locomotor ha ido modificándose a lo largo de milenios. Inicialmente, el hombre, para poder efectuar sus movimientos y desplazamientos, utilizaba sus cuatro extremidades de forma similar. Cuando, paulatinamente, su inteligencia fue desarrollándose, observó que podía prescindir parcialmente de su fuerza y resistencia, y ganar a cambio finura y precisión de movimientos. A partir de entonces, en un proceso paralelo al desarrollo de la inteligencia, el hombre adoptó la forma erguida como manera habitual de desplazarse. Con ello, sus manos se liberaron y ganaron delicadeza y precisión. Este cambio no se produjo rápidamente, sino en el transcurso de muchos miles de años. El aparato locomotor se ha ido modificando poco a poco en este proceso. Hacer posibles los movimientos del cuerpo requiere diversos elementos, distintos entre sí pero con una finalidad común. Así pues, el aparato locomotor se puede dividir en: sistema óseo, sistema muscular y articulaciones.

Sistema óseo o esqueleto

Es el conjunto de *huesos* del cuerpo, más de 200 en el individuo adulto. Forma la parte rígida del aparato locomotor. Proporciona resistencia al cuerpo, y configura su forma y tamaño.

Sistema muscular o musculatura

Es el conjunto de *músculos* del cuerpo y forma la parte activa del aparato locomotor. Los músculos gozan de actividad propia, que llevan a cabo al recibir la orden adecuada desde el cerebro y a través de los nervios. El conjunto de los músculos forma una parte muy importante del cuerpo humano. En peso, representan, aproximadamente, el 35-40 % del total. El número de músculos es enorme, más de 400, si bien muchos de ellos son de pequeño tamaño y escasa potencia. La razón del elevado número de músculos es la de permitir la realización de gran cantidad de movimientos, muy diferentes entre sí, con una delicadeza y coordinación notables.

Las articulaciones

Son estructuras muy complejas, necesarias para el desplazamiento de los huesos. Posibilitan que los huesos que están en contacto puedan desplazarse uno sobre otro sin un roce excesivo. Así pues, las articulaciones permiten efectuar los movimientos sin que haya un gran desgaste de los huesos. Al mismo tiempo, las articulaciones poseen una serie de estructuras adyacentes que determinan la amplitud adecuada de los movimientos y, también, hacen permanecer siempre en contacto íntimo las superficies destinadas a articularse entre sí. Los elementos adyacentes a las articulaciones son los siguientes:

Los ligamentos. Son unas cuerdas fibrosas que no permiten que los huesos se separen más allá de una determinada distancia.

El aparato locomotor está constituido por el sistema óseo, el sistema muscular y las articulaciones.

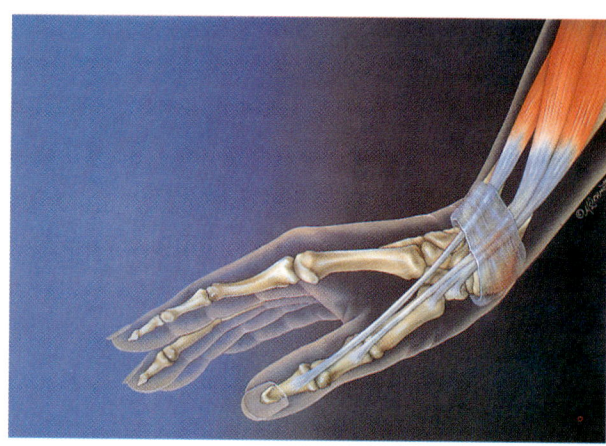

La cápsula articular. Es una membrana fibrosa que se fija a ambos lados de la articulación, con la finalidad de mantenerla unida.

El cartílago articular. Es una fina capa cartilaginosa que recubre las superficies óseas que se articulan entre sí; les proporciona una cierta elasticidad y al mismo tiempo permite un deslizamiento suave.

Los meniscos. Son unas estructuras fibrosas que se interponen entre los huesos de algunas articulaciones, con el fin de mejorar el rendimiento de éstas.

A lo largo de la vida, el aparato locomotor sufre muchas variaciones. Durante la infancia se halla escasamente desarrollado. La talla del adulto dependerá precisamente del crecimiento en longitud de los huesos. En la vejez se producen, al mismo tiempo, una atrofia de la musculatura y una descalcificación de los huesos. En las articulaciones existe un roce continuo, que origina su paulatino desgaste a lo largo de la vida. Es la causa de la denominada artrosis, que en unos casos puede adquirir los rasgos de una enfermedad, y en muchos otros no es más que un proceso de envejecimiento.

Visión anterior del esqueleto.

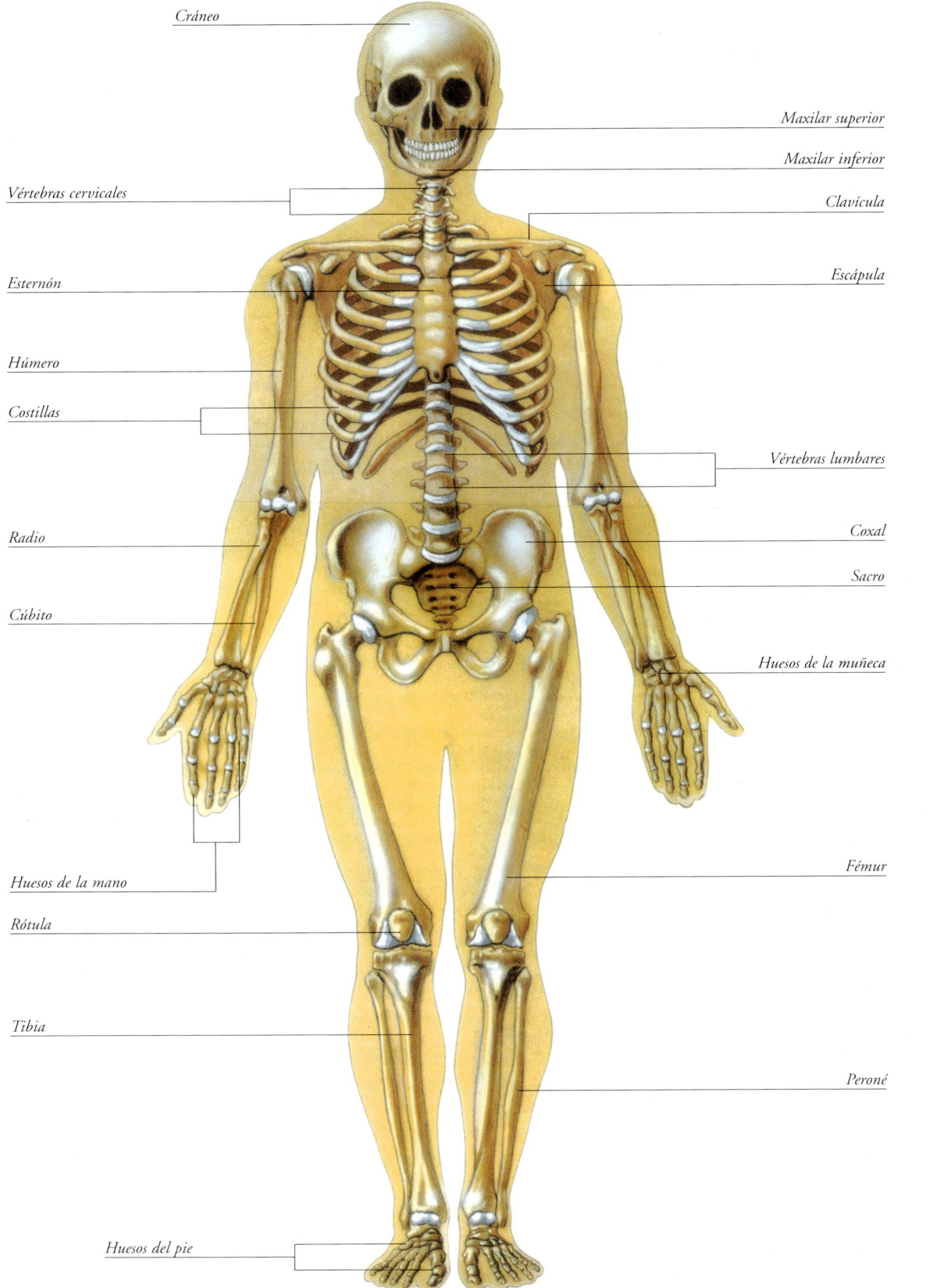

Aparato locomotor

El esqueleto

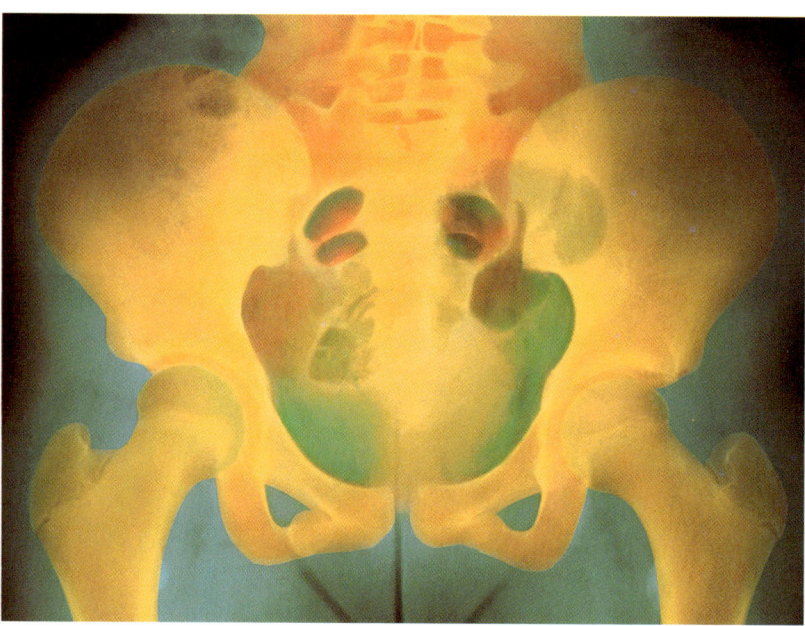

Radiografía coloreada de la región pélvica en la que pueden diferenciarse claramente las vértebras lumbares, los huesos coxales y sacro y las cabezas de los dos fémures.

Denominamos esqueleto al conjunto de huesos de un determinado animal. Su número difiere de unas especies a otras. El hombre tiene aproximadamente 203 huesos, sin contar las piezas dentarias. Este número puede variar algo según el individuo, porque hay una serie de pequeños huesecillos (*huesos sesamoideos*) que pueden estar presentes o no. No todos los animales poseen esqueleto interno. Precisamente este hecho ha permitido tradicionalmente dividir el reino animal en dos grandes grupos: el de los Invertebrados (o animales inferiores) y el de los Vertebrados (o animales superiores). Si observamos la forma del esqueleto (figs. 2 y 4), podemos apreciar que está integrado por un eje central del cual salen una serie de prolongaciones. El eje central está formado por el cráneo, en su parte superior, la columna vertebral, en su parte media, y los huesos de la pelvis, en la parte inferior. Las prolongaciones, por su parte, están constituidas por las extremidades superiores e inferiores y por las costillas.

Crecimiento de los huesos

Durante la etapa del crecimiento, la infancia y la juventud, los huesos no están totalmente calcificados. Cerca de sus extremos existe una zona formada por tejido cartilaginoso más blando. Dicha zona se denomina *cartílago de crecimiento*, ya que, a partir de ella, se va formando un nuevo tejido óseo que determina el crecimiento en longitud de los huesos. Cuando se produce el endurecimiento (osificación) de esta zona, entre los 20 y 25 años de edad, se detiene el crecimiento óseo. Tanto el aumento de la longitud ósea como su detención vienen determinados por varios factores hormonales (hormona del crecimiento, hormonas sexuales, etcétera).

Formación y destrucción del hueso

Los huesos no sólo crecen en longitud sino también en anchura. Existe una formación continuada de hueso que llevan a cabo unas células que se hallan en su interior, denominadas *osteoblastos*. Al mismo tiempo, el hueso ya formado va siendo destruido continuamente por otro tipo de células, los *osteoclastos*. En condiciones normales debe haber un equilibrio total entre ambos procesos de formación y destrucción del tejido óseo. Estos procesos permiten que un defecto óseo determinado pueda corregirse. Por ejemplo, después de una fractura el hueso puede consolidarse con una cierta angulación, pero con el paso del tiempo, gracias a formarse y destruirse hueso en las zonas adecuadas, se va produciendo una correcta alineación de los fragmentos óseos. Este proceso es tanto más rápido cuanto más joven sea la persona.

Variaciones de las características óseas

En la edad adulta, los huesos se caracterizan por ser duros y resistentes. Sin embargo, pueden fracturarse si sufren un traumatismo de cierta consideración. Durante la infancia, los huesos son mucho más flexibles. En esta edad son muy frecuentes las lesiones en que se produce la incurvación de un hueso sin que llegue a romperse, lo que demuestra su elasticidad. Por contra, durante la senectud los huesos se vuelven frágiles y quebradizos. Esta característica de la vejez es debida a que, con el paso de los años, los huesos van perdiendo gran parte de su contenido en calcio. Este proceso se conoce con el nombre de *osteoporosis* y, por su causa, el más mínimo golpe o esfuerzo puede producir una fractura.

Visión lateral del esqueleto.

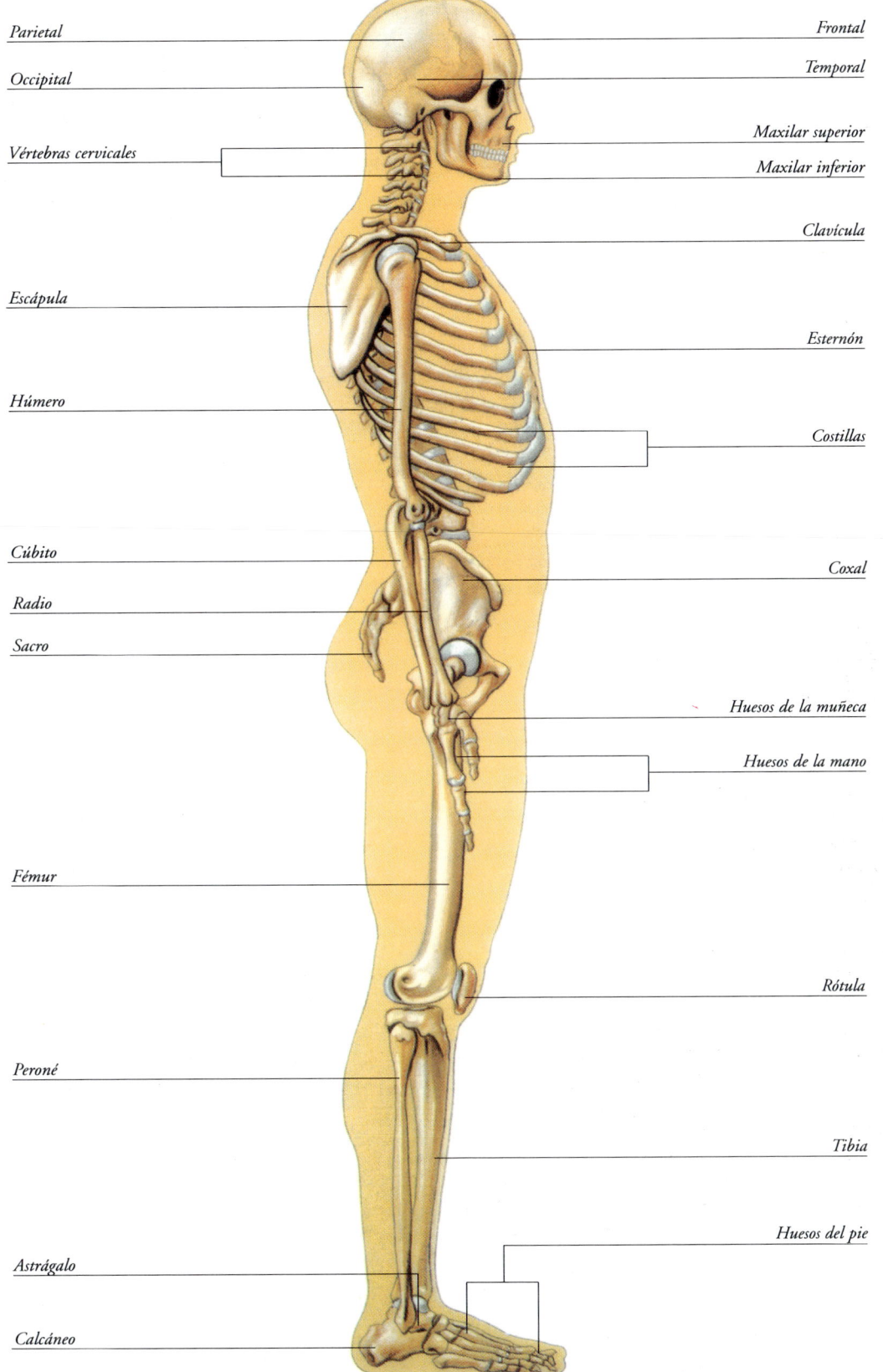

Anatomía

Generalidades del sistema óseo

Entendemos por sistema óseo el conjunto de los huesos del organismo. Son los encargados de proporcionar al cuerpo una estructura rígida, que permita efectuar todos los movimientos precisos, mediante acciones de apoyo y de palanca. Además de permitir los movimientos del cuerpo, el sistema óseo tiene otras funciones:

Crecimiento. El crecimiento de los huesos va determinando, a su vez, el de todo el cuerpo. Los huesos crecen tanto en longitud como en anchura en el transcurso de los 20-25 primeros años de vida.

Protección. Los huesos, en alguna zona determinada, tienen una función claramente protectora de las estructuras que se encuentran en su interior. Éste es el caso de la cavidad craneal, que aloja en su interior el cerebro, y de la caja torácica, que protege el corazón y los pulmones.

Formación de las células de la sangre. En el interior de los huesos se halla la médula ósea. Se trata de un tejido blando que ocupa las cavidades internas de los huesos y desempeña una importante misión formadora de células sanguíneas.

Depósito de diversas sustancias. En los huesos se almacena una gran cantidad de sales minerales, y especialmente calcio.

Estructura del hueso

El hueso está formado por dos materias diferentes: la sustancia ósea y la médula ósea.

Sustancia ósea

Es la parte dura del hueso. En ella abunda el calcio. Puede adoptar dos formas diferentes:

Hueso esponjoso. Está formado por unas finas trabéculas en forma de red, que dejan muchas pequeñas cavidades en su interior (fig. 5). Este tipo de tejido óseo se encuentra en los extremos de los huesos largos y en el interior de los demás huesos. En algunas zonas del organismo, las laminillas óseas se disponen siguiendo una dirección determinada, con la misión de aumentar así la resistencia de dicha zona (fig. 6). Esta distribución es muy clara en la cabeza del fémur, que está sometida a unas fuerzas considerables.

Hueso compacto. Es un tejido óseo de estructura gruesa y rígida que proporciona a los huesos su dureza. Está formado por unas laminillas dispuestas en forma de circunferencias concéntricas, una alrededor de otra. Adopta la forma de un cilindro, con un conducto en su interior llamado «de Havers». Este conjunto de laminillas, con su conducto, se denomina *osteona*.

Sección de hueso esponjoso.

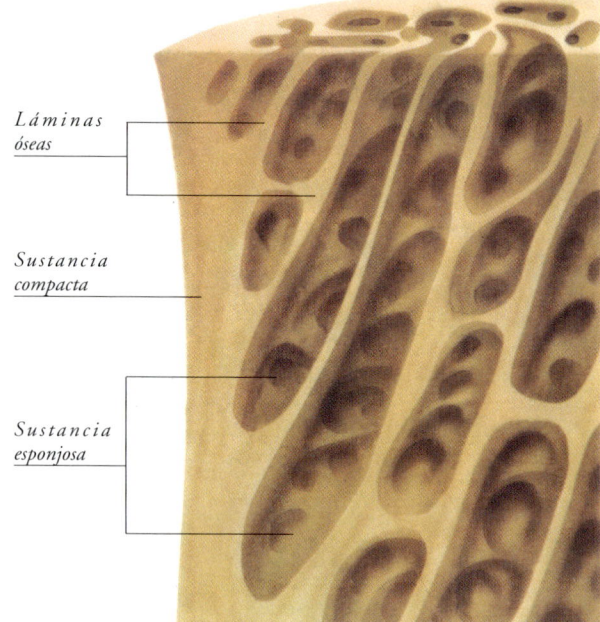

Láminas óseas

Sustancia compacta

Sustancia esponjosa

Disposición de las laminillas óseas en la cabeza del fémur.

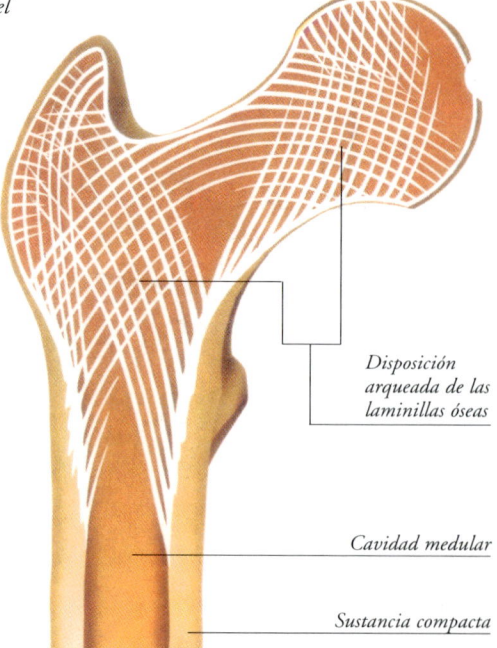

Disposición arqueada de las laminillas óseas

Cavidad medular

Sustancia compacta

Anatomía

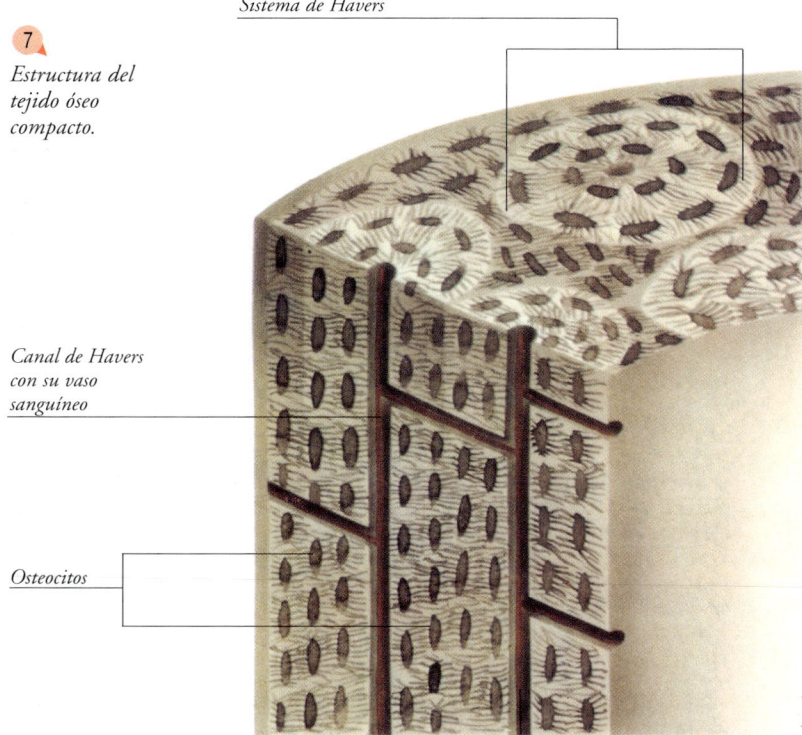

7 *Estructura del tejido óseo compacto.*

- Sistema de Havers
- Canal de Havers con su vaso sanguíneo
- Osteocitos

Huesos planos. Como su nombre indica, son aplanados. Los huesos del cráneo son de este tipo.

Huesos largos. Su forma típica es alargada. Su parte media se denomina *diáfisis* y sus extremos, *epífisis*. En el interior de las epífisis predomina la sustancia esponjosa, y la compacta es muy fina. Las diáfisis están formadas por tejido compacto y presentan una gran cavidad en su interior, la *cavidad medular*. Un ejemplo típico de estos huesos es el fémur.

Huesos cortos. No predomina ningún eje sobre los demás. Los huesos de la muñeca, las vértebras, etcétera, son buenos ejemplos.

Médula ósea

Rellena las pequeñas cavidades del tejido óseo esponjoso y, también, las cavidades interiores de los huesos largos; por ello, a estas cavidades se las llama *cavidades medulares*. La médula ósea puede ser roja o amarilla. La roja es la de mayor importancia, puesto que es la encargada de fabricar todas las células de la sangre (glóbulos rojos, glóbulos blancos y plaquetas), a partir de unas células que se hallan en su interior. En el recién nacido, la totalidad de la médula ósea es de tipo rojo. Con el paso del tiempo se va reemplazando parcialmente con médula amarilla. En la persona adulta, la médula roja persiste principalmente en los huesos del tronco y del cráneo, mientras que en los de las extremidades predomina la médula amarilla.

Tipos de huesos

La forma de los huesos es muy variable. Se pueden diferenciar tres tipos (fig. 8):

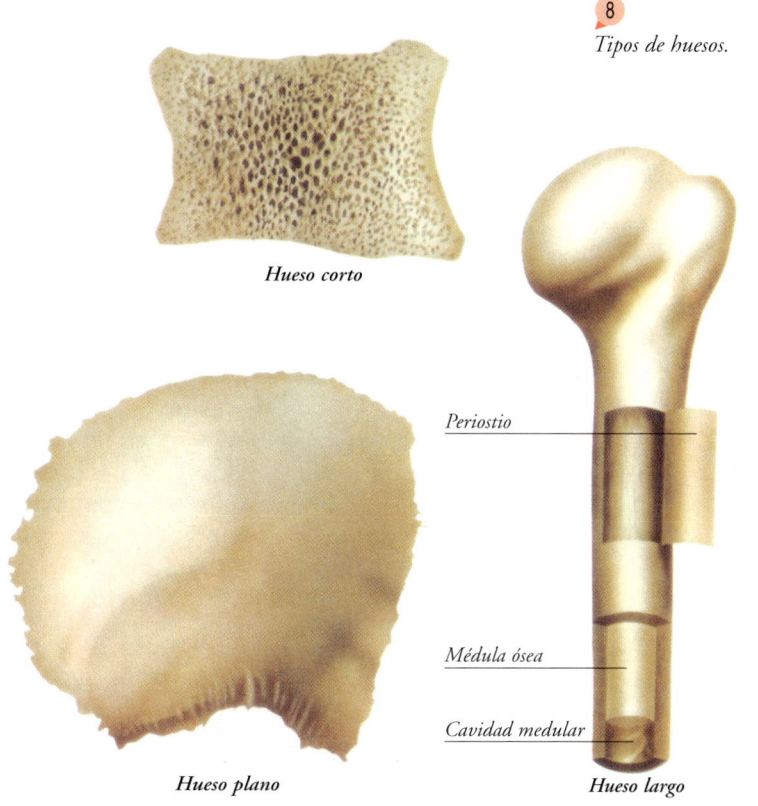

8 *Tipos de huesos.*

Hueso corto

Hueso plano

Hueso largo
- Periostio
- Médula ósea
- Cavidad medular

Aparato locomotor

Huesos del cráneo

En la cabeza podemos diferenciar dos tipos de hueso:

Los huesos del cráneo

Son los que se hallan en la parte superior de la cabeza. Forman la cavidad en la cual se alojan los principales órganos del sistema nervioso central.

los puntos de intersección unas depresiones llamadas *fontanelas*. La estructura de los huesos del cráneo es la típica de los huesos planos. Están formados por las siguientes partes:

La lámina externa, de tejido compacto y con una superficie completamente lisa.

La lámina interna, también de te-

rebordes duros con unas depresiones por debajo; estas zonas forman la parte superior de las cavidades orbitarias, donde se alojan los globos oculares. Por encima de los rebordes orbitarios, en el espesor del hueso y entre sus dos láminas, se hallan dos oquedades, una a cada lado, denominadas *senos frontales*. Estos senos están recubiertos

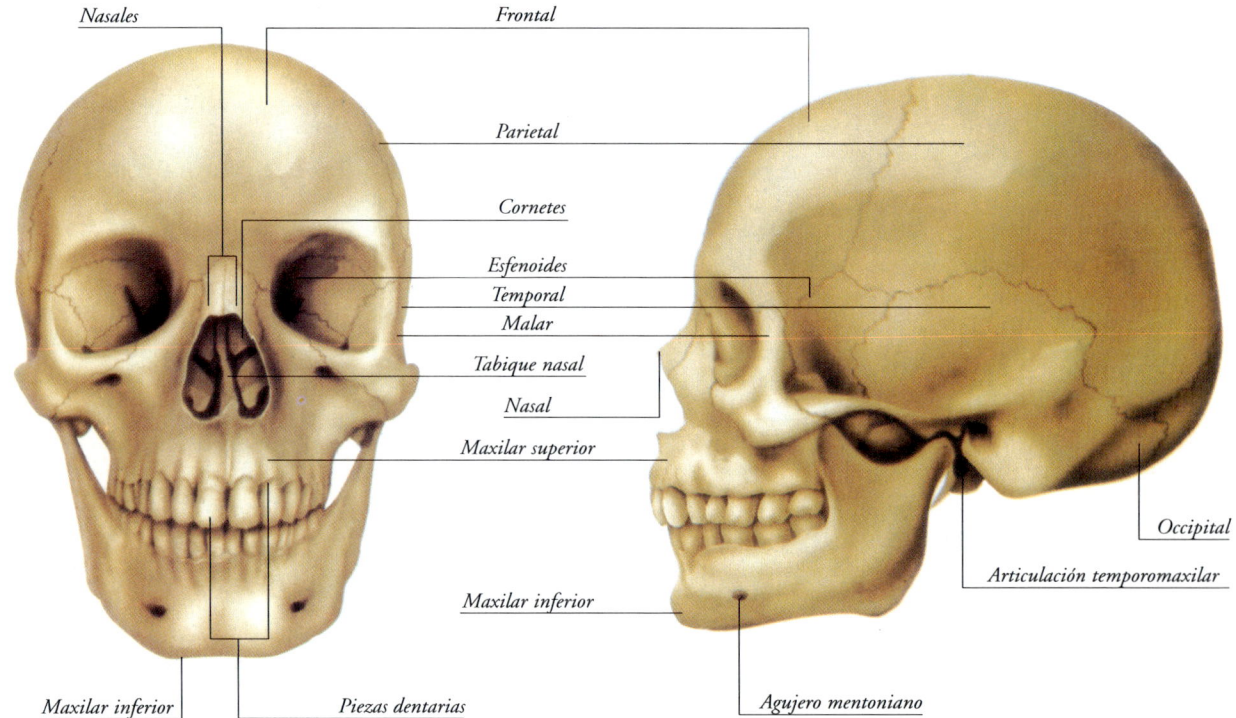

Los huesos de la cara

Son los que forman las cavidades orbitarias, los pómulos, las fosas nasales y la boca.

Huesos del cráneo

El cráneo está formado por 8 huesos diferentes fuertemente unidos entre sí. Sus uniones adoptan la forma de unas líneas tortuosas que reciben el nombre de *suturas*. Las suturas son un típico ejemplo de articulaciones óseas sin movilidad. Durante la primera infancia, estas líneas permanecen sin unirse en algunas zonas, formando en

jido compacto pero con su superficie interior rugosa. Esta superficie tiene diversos surcos, de acuerdo con la forma del cerebro, a fin de que circulen por ellos los vasos sanguíneos.

El tejido esponjoso, con médula roja en su interior, situado entre ambas láminas.

Hueso frontal

Es el hueso situado en la parte superior y anterior del cráneo, en la zona de la frente. Su parte inferior contribuye a formar la base del cráneo. En su cara anterior hay unos

9
Visión anterior y lateral de los huesos de la cabeza.

internamente por una capa mucosa y se hallan en comunicación con las fosas nasales.

Huesos parietales

Son dos, situados uno a cada lado del cráneo. Son planos y presentan una forma más o menos cuadrangular.

Constituyen las partes laterales superiores del cráneo.

Huesos temporales

También son dos, y están situados a ambos lados del cráneo, formando los laterales inferiores de éste. Tienen dos partes bien diferenciadas:

buye a formar la parte lateral e inferior de la bóveda craneal.

Hueso occipital

Está situado en la parte posterior del cráneo, formando en parte la base de éste y en parte su bóveda. Su característica más importante es la de

neo, por detrás del hueso frontal. Tiene unas prolongaciones hacia abajo que constituyen la parte superior de las fosas nasales.

Hueso esfenoides

Está situado en la línea media de la base del cráneo, por detrás del frontal

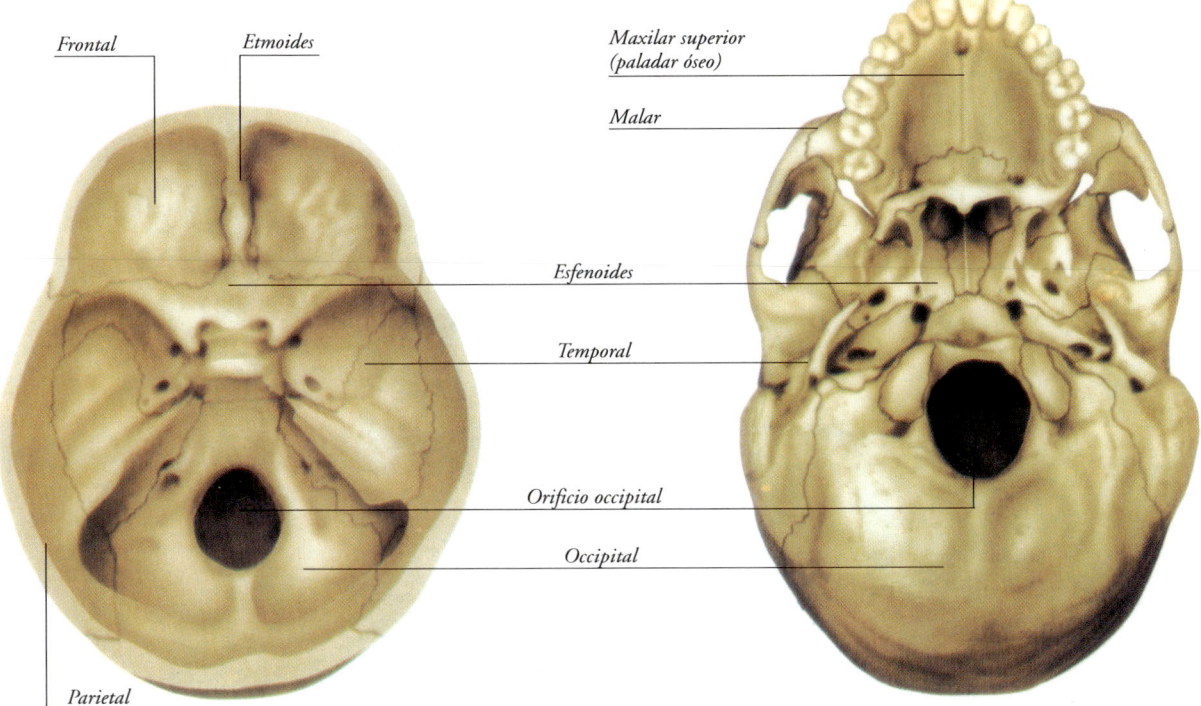

10
Visión endocraneal y exocraneal de la base del cráneo.

— una zona gruesa, denominada *peñasco del temporal*, que contribuye a formar la base del cráneo. En su interior se hallan alojados los órganos del oído y del equilibrio.

— una prolongación hacia arriba de la zona anterior, con la típica estructura de hueso plano, que contri-

poseer un gran orificio en su centro, el llamado *agujero occipital*. Este hueso se articula con la columna vertebral, uniéndose fuertemente con la primera vértebra cervical (llamada *atlas*). A través del orificio occipital pasa la médula espinal, en su recorrido desde el encéfalo hasta el interior de la columna vertebral.

Hueso etmoides

Es de pequeño tamaño y se encuentra situado en la línea media del cráneo. Su porción horizontal forma una pequeña zona de la base del crá-

y del etmoides, y por delante del occipital. Está formado por:

— una parte central, llamada *cuerpo*. En su interior hay unas cavidades denominadas *celdas esfenoidales*. Su cara superior forma parte de la base del cráneo; en ella hay una depresión, denominada *silla turca*, donde se aloja la glándula hipófisis.

— una prolongaciones, denominadas *alas del esfenoides*, que forman parte de la base del cráneo y de una porción de la pared de las cavidades orbitarias.

Aparato locomotor

Huesos de la cara

Los principales elementos óseos que configuran la cara son:

Huesos maxilares superiores

Son dos, uno a cada lado de la línea media. Están unidos entre sí formando la parte central de la estructura ósea de la cara. En su interior se hallan unas cavidades denomi-

Hueso maxilar inferior

Tiene forma de herradura (fig. 12). Es muy móvil, ya que su principal misión es la masticación. Para ello tiene unos extremos redondeados (*cóndilos*) que se articulan con los huesos temporales, de tal manera que puede efectuar los movimientos de apertura y cierre de la boca, y despla-

gaciones de los temporales forman los denominados *arcos cigomáticos*. Contribuyen así mismo a formar la parte externa de las paredes de las órbitas oculares.

Las fosas nasales

Las fosas nasales son unas cavidades que se encuentran situadas en la

Visión posterior (interna) de los huesos de la cara.

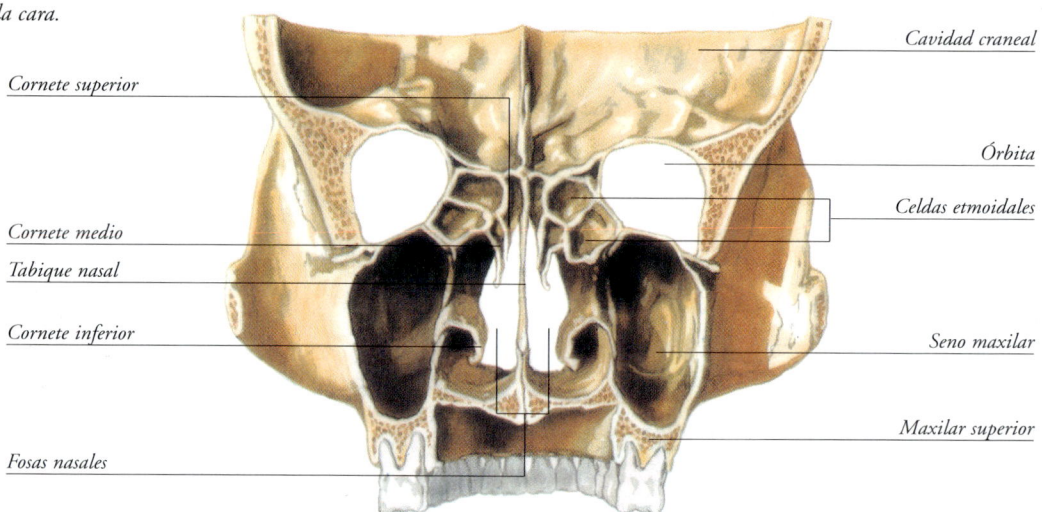

nadas senos (*senos maxilares*), al igual que las estudiadas en los huesos frontales; también están tapizadas interiormente por una capa mucosa y comunican con las fosas nasales. La forma especial de los maxilares superiores contribuye a formar unas grandes cavidades (fig. 11):

— las fosas nasales.
— la cavidad bucal. En ella, los maxilares superiores constituyen el paladar óseo.
— las cavidades orbitarias. En ellas, los maxilares superiores forman sus partes interna e inferior.

En estos huesos se alojan las piezas dentarias superiores.

zamientos laterales. Dispone de 16 orificios para alojar las piezas dentarias inferiores.

Huesos nasales

Son dos pequeños huesos que se unen entre sí en la línea media. Se articulan con los maxilares superiores y con el frontal. Forman el dorso de la nariz.

Huesos malares

También son dos. Su forma es más o menos cuadrangular y constituyen los pómulos. Al unirse a unas prolon-

parte central de la cara. Están formadas por una estructura ósea y divididas en varios compartimentos por la presencia de tres láminas óseas que las recorren longitudinalmente. Estas láminas son los denominados *cornetes* (superior, medio e inferior), que no son sino unas prolongaciones de los huesos maxilares superiores. Una pared media, llamada *tabique nasal*, separa las fosas nasales entre sí.

Las piezas dentarias

Los dientes son unos elementos de gran dureza, situados en los huesos maxilares superiores e inferior, for-

Anatomía

mando dos arcadas. Cada pieza dentaria se aloja en la cavidad correspondiente de los maxilares; estas cavidades se denominan *alveolos dentarios*. La finalidad de los dientes es poder llevar a cabo del modo más completo posible el acto de la masticación. Es muy importante que dicho acto se efectúe correctamente, porque constituye el primer paso para la digestión de los alimentos. La primera dentición, llamada de leche, está formada por 20 piezas: 2 incisivos 1 canino y 2 molares en cada media mandíbula. Su aparición comienza a los pocos meses de vida. La segunda dentición, o definitiva, se suele iniciar hacia los 6-7 años y no finaliza habitualmente hasta los 20-30 con la aparición de los últimos molares o muelas del juicio.

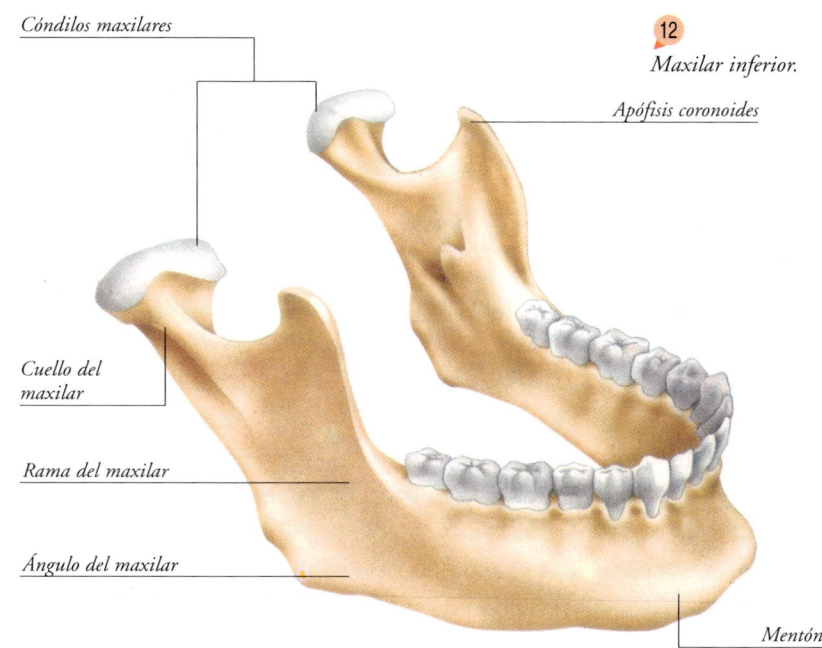

12 *Maxilar inferior.*

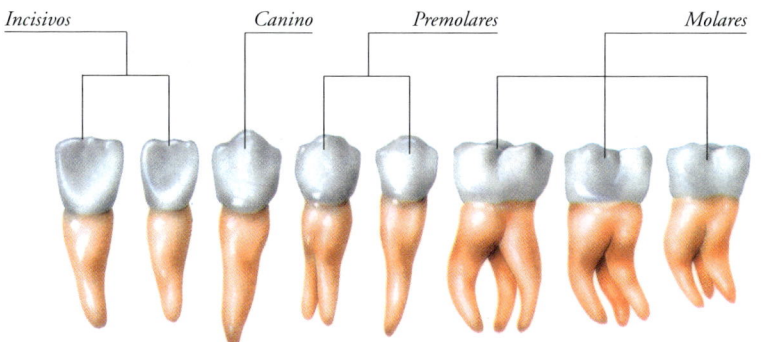

El individuo adulto normal tiene, en cada media mandíbula, 2 incisivos, 1 canino, 2 premolares y 3 molares (fig. 13). Por lo tanto, el número de piezas de la dentición definitiva es de 32. A la parte visible de un diente se la denomina *corona*, mientras que a la parte que está incluida en el hueso maxilar se la llama *raíz*. La corona de los incisivos es cortante; la de los caninos, puntiaguda; la de premolares y molares es aplanada para facilitar la trituración. El diente está formado básicamente por una sustancia llamada *dentina*. La dentina está recubierta en la corona por el *esmalte*, y en la raíz, por una sustancia llamada *ce-

13 *Dentición correspondiente a media mandíbula de un adulto.*

14 *Estructura del diente.*

mento, que la mantiene unida al hueso (fig. 14). Por el interior del diente circulan vasos sanguíneos y nervios que finalizan en una cavidad situada en el interior de la dentina, la llamada *cavidad pulpar*.

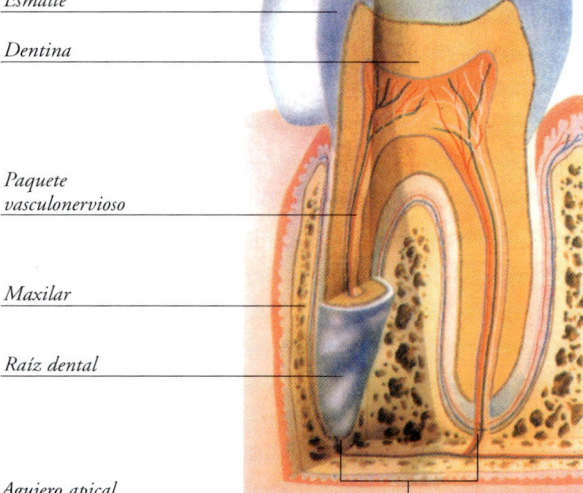

La columna vertebral

La columna vertebral está formada por 24 huesos diferentes, denominados *vértebras* (fig. 15). Las vértebras se hallan situadas una encima de otra, y unidas entre sí por músculos y ligamentos.

La parte superior de la columna está en contacto con la base del cráneo y se articula con el hueso occipital. Este hueso presenta un orificio que comunica con los orificios de las vértebras y forma el *conducto espinal*, por el que circula la médula espinal. La parte inferior de la columna está unida al *sacro*; este hueso es el resultado de la fusión de las 5 vértebras sacras. A su vez, el sacro está unido al *coxis*, que resulta de la unión de las vértebras coxígeas. En la columna vertebral se distinguen tres zonas diferentes:

Porción cervical

Es la zona superior. Consta de 7 vértebras. Son las menos gruesas y las que gozan de mayor movilidad. Corresponde a la zona del cuello.

Porción dorsal

A continuación de las vértebras cervicales. Está formada por 12 vértebras. Son de mayor grosor y poseen menor movilidad que las cervicales. Corresponde a la zona de la espalda.

Porción lumbar

Situada entre la región dorsal y el sacro. Está formada por 5 vértebras. Son las más gruesas y disponen de cierta movilidad. Se hallan en la zona que corresponde al abdomen.

La columna vertebral, vista por delante y por detrás, presenta una estructura perfectamente alineada. De perfil, en cambio, observamos que presenta una serie de curvaturas. A las curvaturas de concavidad posterior se las denomina *lordosis* y a las de convexidad posterior, *cifosis*. En condiciones normales debe haber una cifosis a la altura dorsal, y una lordosis a la altura cervical y lumbar.

A continuación describiremos las principales características de los huesos que forman la columna vertebral, del sacro y del coxis.

Las vértebras

Las vértebras tienen diversas formas pero presentan unas características comunes que veremos seguidamente (figs. 16, 17 y 18). Son huesos cortos, con tejido óseo esponjoso en su interior, constituidos por dos partes: cuerpo y apófisis.

Cuerpo: Es la parte anterior, gruesa, sin predominio de ningún eje.

Apófisis: Son una serie de prolongaciones que salen del cuerpo, dejando entre éste y aquéllas un orificio, el *agujero espinal* o *vertebral* (de unos

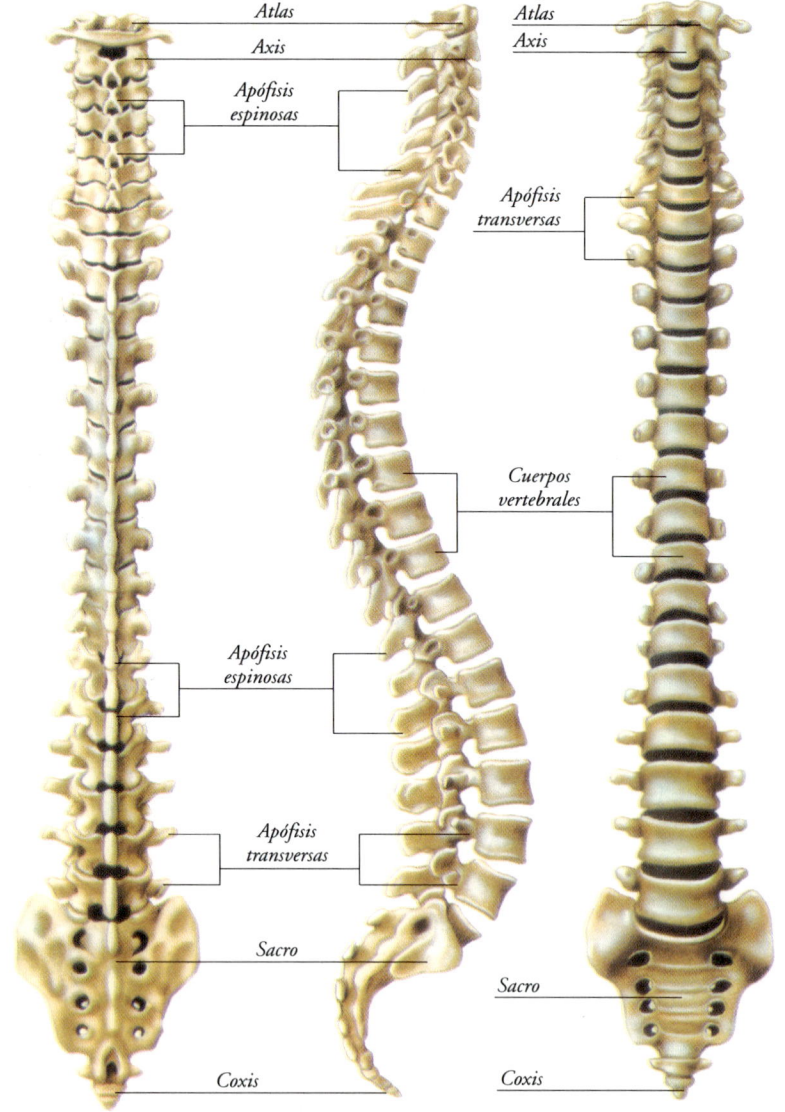

De izquierda a derecha: visión posterior, lateral y anterior de la columna vertebral.

Anatomía

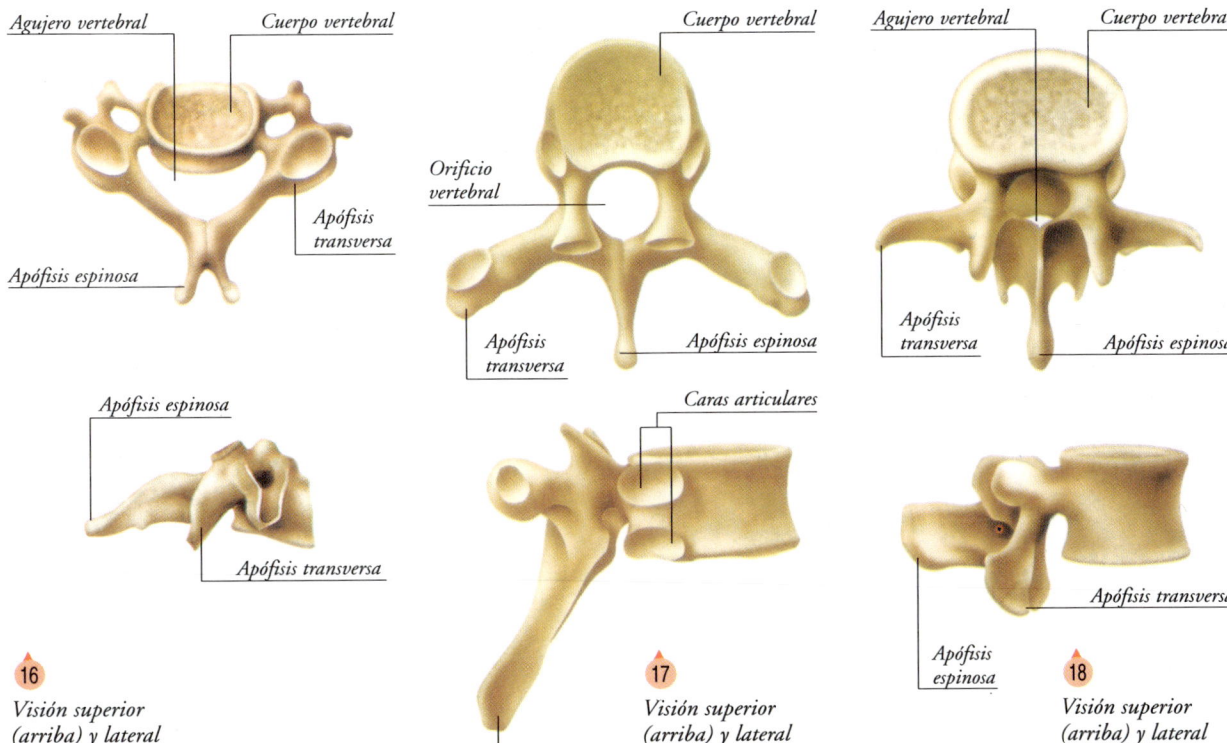

16 Visión superior (arriba) y lateral (abajo) de una vértebra cervical.

17 Visión superior (arriba) y lateral (abajo) de una vértebra dorsal.

18 Visión superior (arriba) y lateral (abajo) de una vértebra lumbar.

2-4 cm de diámetro), donde se aloja la médula espinal. Las apófisis que se dirigen hacia los lados se denominan *transversas* y las que lo hacen hacia atrás se llaman *espinosas*.

El tamaño del cuerpo vertebral va creciendo desde arriba hacia abajo de la columna.

Las vértebras de la región dorsal se caracterizan por poseer unas zonas (carillas) articulares a las cuales se unen las costillas.

El sacro

El sacro es la continuación hacia abajo de la columna. Por su parte inferior se prolonga con el coxis. Lateralmente está unido a los huesos que forman la pelvis, es decir, los huesos coxales.

Este hueso presenta 2 hileras de 4 orificios cada una de ellas, dispuestas verticalmente, por donde salen los nervios sacros. En una visión de perfil, presenta una notable concavidad anterior. En las mujeres, esta forma tiene importancia en el momento de dar a luz, ya que el canal del parto, por donde discurre el feto, debe adaptarse a su morfología.

El coxis

El coxis está formado por 4 o 5 vértebras rudimentarias unidas entre sí. Se dispone a continuación del hueso sacro, formando el extremo agudo del eje vertebral.

19 Imagen de las dos últimas vértebras lumbares, con sus respectivos discos intervertebrales.

Aparato locomotor

La columna vertebral (continuación)

Los discos intervertebrales

Los discos intervertebrales están formados por unas láminas aplanadas de tejido fibrocartilaginoso. Se hallan situados entre la cara inferior de una vértebra y la cara superior de la contigua (figs. 20 y 21).

La forma de los discos intervertebrales es parecida a la de los cuerpos vertebrales, redondeada, si bien su diámetro es algo mayor y sobresalen ligeramente. Los de la zona lumbar son los de mayor grosor. En las regiones cervical y lumbar, la parte posterior del disco es más estrecha, al contrario que en la región dorsal. Estas características de los discos favorecen las curvaturas fisiológicas de la columna.

Disco intervertebral.

encuentra una zona central blanda, o *núcleo pulposo*, formada por tejido cartilaginoso muy laxo y por un líquido muy viscoso.

Las misiones de los discos son:
— permitir los movimientos de flexoextensión, laterales y de rotación de la columna. Actúan como almohadillas elásticas.
— ejercer una acción amortiguadora de todos los traumatismos de la columna gracias a su elasticidad y resistencia a la compresión (especialmente el núcleo pulposo).

El número de discos es de 23: el primero se halla entre la 2.ª y la 3.ª vértebras cervicales; el último, entre la 5.ª vértebra lumbar y el sacro.

La parte periférica del disco es de tipo fibroso y muy resistente; se denomina *anillo fibroso*. En su interior se

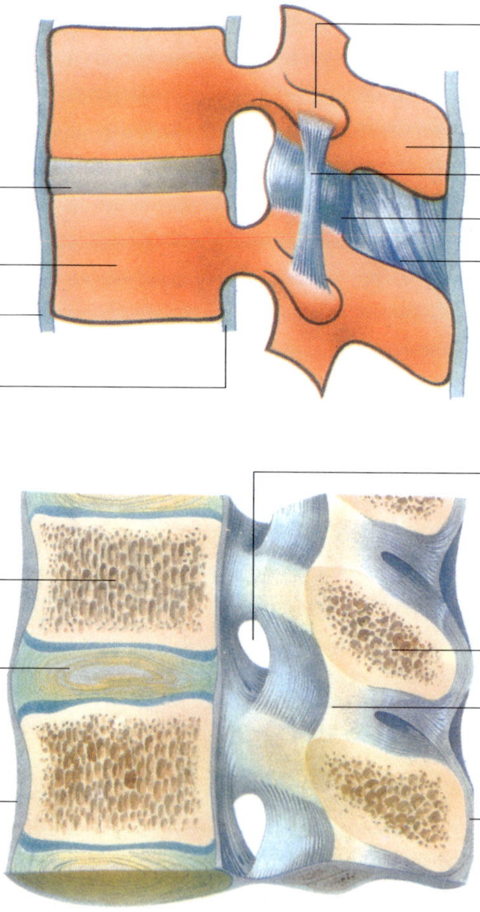

21 *Visión externa y sección de una articulación intervertebral.*

Anatomía

Las articulaciones vertebrales

La columna vertebral es estable y potente (pensemos que debe mantener el peso de todo el cuerpo) porque dispone de unas estructuras resistentes y flexibles que mantienen unidas las vértebras entre sí, evitando desplazamientos. Por su interior discurre la médula espinal, una estructura blanda y de gran importancia. La columna tiene que ser lo suficientemente resistente como para poder soportar múltiples traumatismos sin que se lesione. Si el traumatismo es lo bastante intenso como para lesionar la columna, se puede producir una lesión irreversible de la médula.

Los principales elementos sustentadores de la columna vertebral son los siguientes (fig. 21):

Las cápsulas articulares. Mantienen unidas entre sí las superficies articulares vertebrales (apófisis articulares).

Los ligamentos interespinosos. Son ligamentos aplanados que se dirigen de una apófisis espinosa a la de su vértebra contigua. En la región lumbar son gruesos.

Los ligamentos intertransversos. Son haces redondeados en dirección vertical que unen entre sí las apófisis transversas. En la región cervical están poco desarrollados, mientras que en la región lumbar son muy resistentes.

El ligamento supraespinoso. Es un haz estrecho y muy resistente que recorre toda la columna vertebral por su cara posterior, uniendo los extremos de las apófisis espinosas.

Los ligamentos amarillos. Son unas bandas ligamentosas anchas, muy fuertes y elásticas. Se dirigen de la parte anterior de un arco vertebral a la misma zona de su vértebra contigua. En la región lumbar son más resistentes que en la región cervical.

El ligamento vertebral común anterior. Es un ligamento muy ancho y aplanado que tapiza la cara anterior de los cuerpos vertebrales, uniéndose fuertemente a ellos y a los discos intervertebrales.

Defectos de la estática vertebral

La columna vertebral no es completamente recta; presenta unas curvaturas fisiológicas (cifosis y lordosis).

Es frecuente que estas curvaturas sean más pronunciadas de lo habitual, adquiriendo entonces el carácter de enfermedad. La escoliosis se aprecia al mirar la columna por detrás, y observar que ésta presenta una desviación lateral (fig. 22).

Los defectos de la columna pueden remediarse practicando ejercicios gimnásticos adecuados, que tiendan a enderezarla.

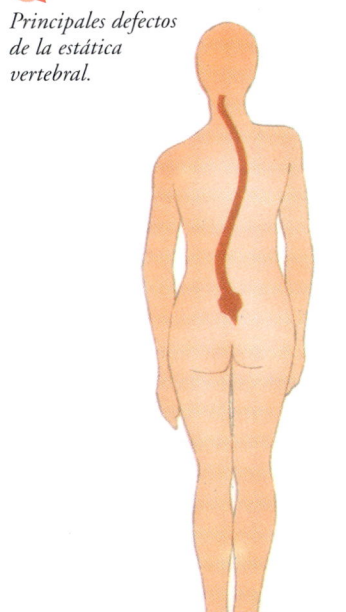

22 Principales defectos de la estática vertebral.

Escoliosis   *Lordosis lumbar*   *Cifosis dorsal*

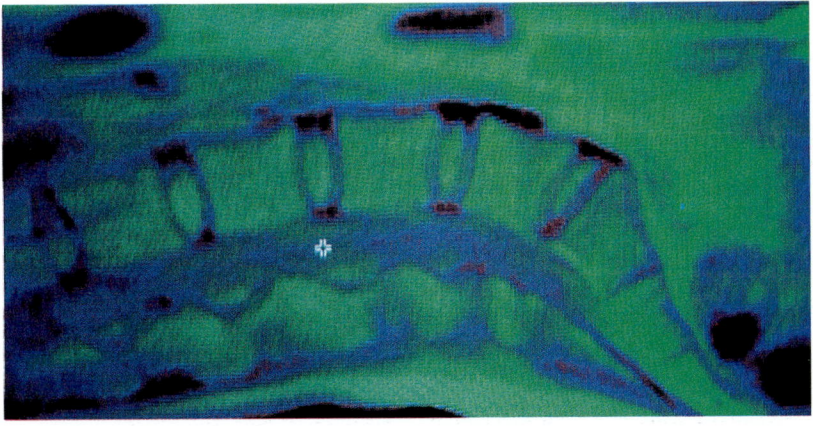

23 Imagen obtenida por resonancia magnética nuclear, en la que puede observarse la existencia de una hiperlordosis lumbar.

Aparato locomotor

Huesos del tórax

El conjunto de estructuras óseas del tórax se denomina *caja torácica*. Los elementos que la forman son: las costillas, el esternón y las vértebras dorsales.

Las costillas

Las costillas son huesos largos y aplanados que dan forma a la caja torácica. Describen una amplia curvatura desde su inicio, a la altura de las vértebras dorsales, hasta su extremo anterior. La parte anterior se une al esternón a través de una porción de cartílago que continúa la forma de la costilla. De cada una de las 12 vértebras dorsales salen 2 costillas, una a cada lado, hasta un total de 24 costillas. Puede existir en algunos casos alguna costilla de más (*costillas supernumerarias*), que se presenta en forma de esbozo más o menos rudimentario a la altura de la última vértebra cervical o de la 1.ª lumbar.

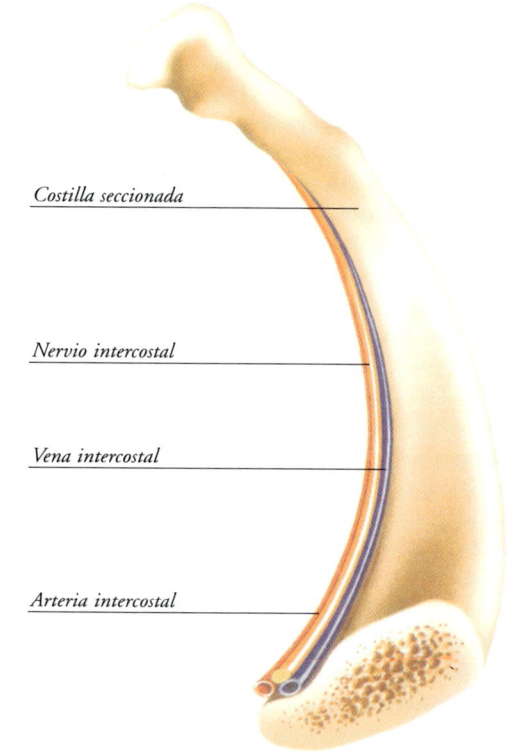

Recorrido de los vasos y nervios intercostales por debajo de las costillas.

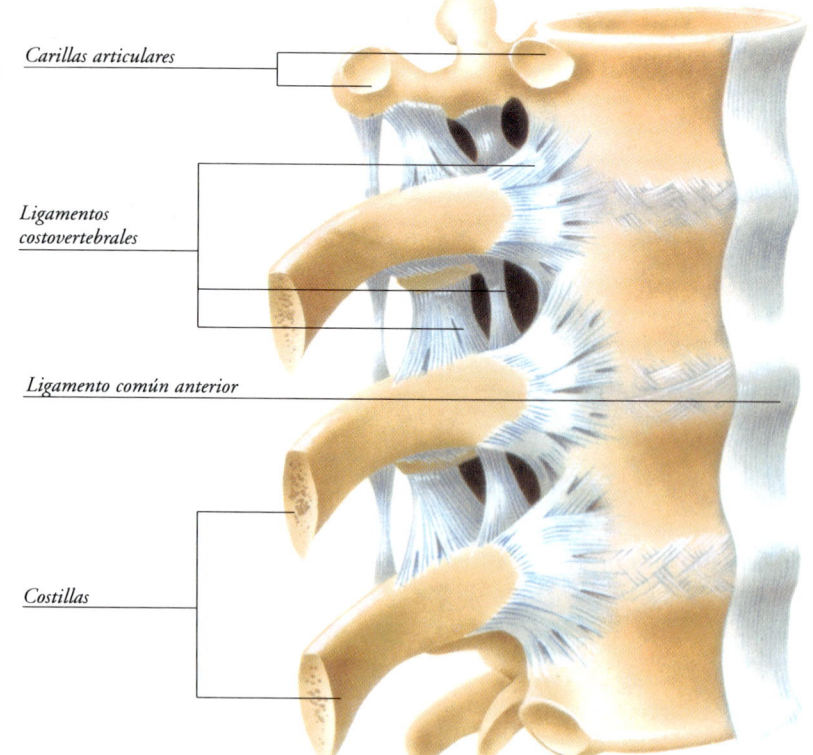

Articulaciones costovertebrales.

Las 7 primeras costillas se unen directamente con el esternón a través de sus respectivos cartílagos; son las costillas esternales. Las 8.ªs, 9.ªs y 10.ªs costillas se denominan «falsas», pues no enlazan directamente con el esternón; sus respectivos cartílagos se unen entre sí y con el de la 7.ª costilla.

La 11.ª y 12.ª costillas son flotantes: su extremo anterior es libre. Por debajo de cada costilla circulan los vasos sanguíneos (arteria y vena) y los nervios intercostales, que irrigan e inervan toda la pared torácica (fig. 24).

El esternón

El esternón es un hueso plano. Está situado en la línea media de la cara anterior del tórax. Se unen a él las 7 primeras costillas de cada lado y las clavículas. A la parte superior del esternón se la llama *manubrio* y es más ancha; la parte inferior es puntiaguda, y se denomina *apéndice xifoides*. En una sección se observaría que está formado por dos tablas de tejido óseo compacto entre las cuales se encuentra tejido óseo esponjoso.

Las articulaciones costovertebrales

Las articulaciones costovertebrales son las formadas por las costillas y las vértebras. Están constituidas por los siguientes elementos (fig. 25):

Carillas articulares. Se encuentran en las vértebras y en las costillas. Son unas superficies lisas destinadas a la unión de unas con otras.

Elementos de fijación. Con el nombre de *ligamentos costovertebrales* se engloba una serie de bandas fibrosas que van desde las costillas hasta diversas zonas del cuerpo y de las apófisis vertebrales.

Estos elementos de fijación deben ser resistentes y permitir los movimientos de las costillas, para efectuar los movimientos respiratorios.

La caja torácica

La caja torácica está formada por el conjunto de huesos del tórax. Sus límites son (fig. 26):

Cara anterior, formada por el esternón, los cartílagos costales y parte de las costillas.

Caras laterales, formadas por las costillas.

Cara posterior, constituida por los cuerpos vertebrales y las costillas.

Cara superior, formada por el estrechamiento progresivo de los arcos costales.

Cara inferior, limitada por el diafragma. No es de naturaleza ósea sino muscular.

Entre las costillas se encuentran los *músculos intercostales*, que cierran el espacio que hay entre ellas. ¿Cómo consigue la caja torácica que penetre aire en su interior permitiendo la respiración? Debido a la dirección oblicua hacia abajo que tienen las costillas, cualquier músculo que tire de ellas y las eleve producirá un aumento de la capacidad de la caja. Con ello se conseguirá, por efecto de la presión atmosférica, que tenga lugar la entrada de aire (inspiración). La salida de aire se producirá por efecto de la elasticidad de las estructuras torácicas, que necesariamente regresarán a su posición de reposo.

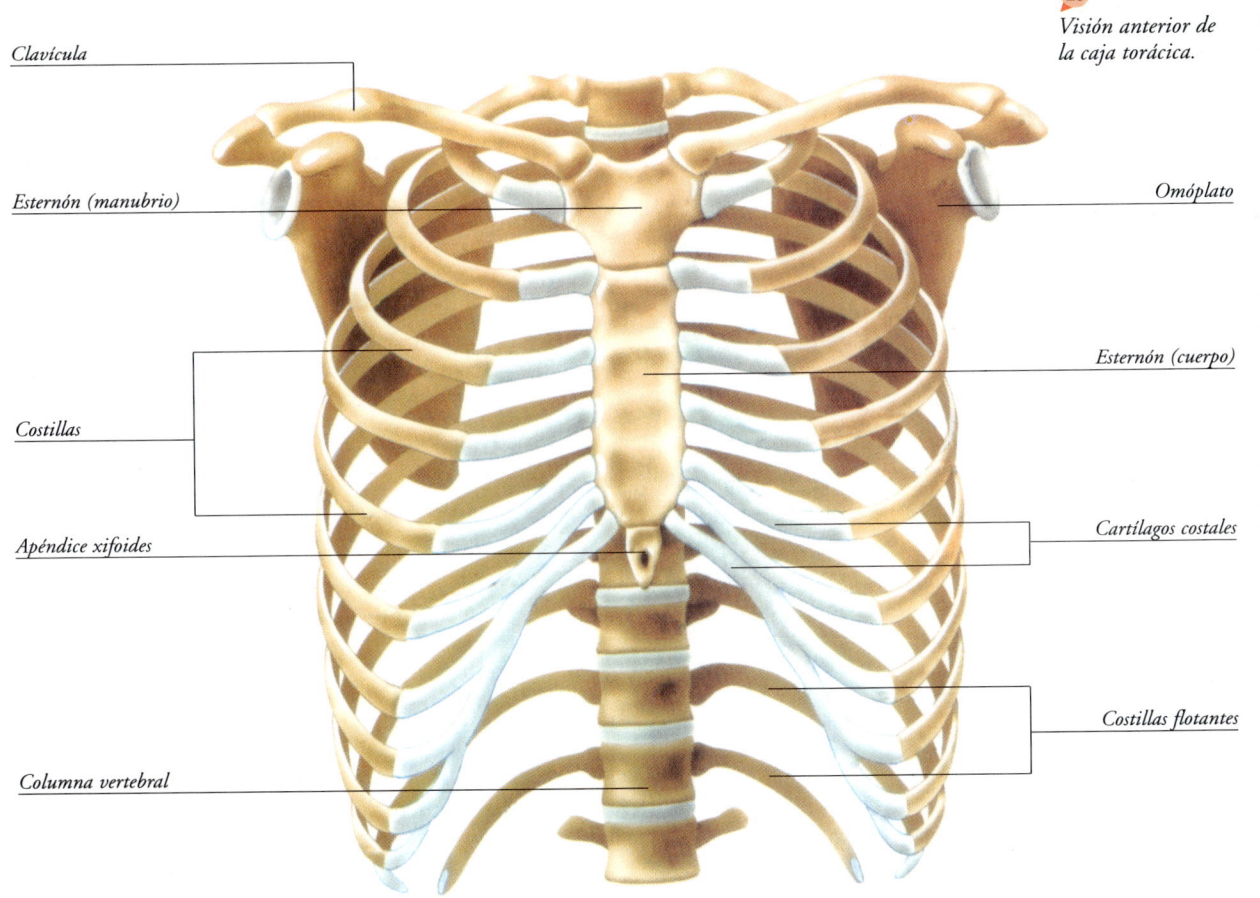

26 *Visión anterior de la caja torácica.*

Aparato locomotor

Huesos de las extremidades superiores

La extremidad superior está formada por el brazo, el antebrazo y la mano. Estas partes están unidas entre sí y al cuerpo por las articulaciones de la muñeca, el codo y el hombro.

Los huesos que integran la extremidad superior son: el húmero, el cúbito, el radio y los huesos de la muñeca y de la mano (fig. 28).

En la parte superior del tórax, junto al hombro, se hallan el omóplato y la clavícula. Estos dos huesos son considerados en la práctica como si formaran parte de la extremidad, pero propiamente no es así.

La escápula

La escápula se conoce también con el nombre de omóplato. Es un hueso plano de forma triangular. Está adosado, por su cara anterior, a la parte más alta y posterior de la caja torácica, y separado de ésta mediante una especie de almohadilla muscular.

Tiene dos prolongaciones importantes: la *espina de la escápula*, en su cara posterior, y la *apófisis coracoides*, en su borde superior.

La clavícula

La clavícula es un hueso largo. Está situado horizontalmente en la parte anterior y más alta del tórax. Se une, por el extremo interno, al esternón, y por el externo, a la escápula a la altura del *acromion* (extremo de la espina). En su trayecto describe una doble curvatura en forma de «S».

El húmero

El húmero es un hueso largo que constituye la base del brazo. Como hueso largo, tiene una diáfisis (porción central) y dos epífisis o extremos de mayor grosor. La epífisis superior corresponde a la *cabeza* del húmero; en ella hay una amplia superficie redondeada recubierta por cartílago,

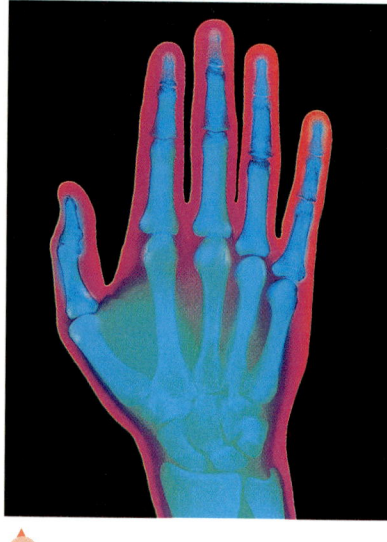

Radiografía coloreada de una mano. Puede apreciarse claramente la silueta de los metacarpianos y las falanges.

destinada a la articulación con la escápula. La epífisis inferior tiene dos superficies articulares para los huesos del antebrazo. La superficie redondeada (*cóndilo*) se articula con el radio, y la que tiene forma de silla de montar (*tróclea*), con el cúbito.

El cúbito

El cúbito es un hueso largo. Junto con el radio, forma la estructura ósea del antebrazo. Su epífisis superior se articula con la *epitróclea* humeral, adoptando la forma inversa de la tróclea, con una característica forma de gancho. Esta articulación permite efectuar los movimientos de flexión y extensión. Para poder hacer el movimiento de rotación, el radio tiene que cruzarse con el cúbito hasta formar una «X», lo cual permite el giro de la mano.

El radio

El radio es el otro hueso del antebrazo. Se dispone paralelamente al cúbito. Se articula con el cóndilo humeral con su cabeza (epífisis proximal), la cual presenta una concavidad para alojarlo. Su epífisis distal es más gruesa. Es una de las zonas óseas que más frecuentemente se fractura (especialmente en personas ancianas).

Los huesos de la muñeca

La muñeca está formada por ocho huesos cortos, que se encuentran dispuestos en dos hileras:

Hilera superior: piramidal, semilunar y escafoides.

Hilera inferior: trapecio, trapezoides, grande, ganchoso y pisiforme.

La hilera superior se articula con las epífisis inferiores del cúbito y del radio, mientras que la hilera inferior lo hace con los huesos de la mano (metacarpianos). Ambas hileras se articulan entre sí.

Huesos de la mano

Los huesos de la mano se denominan *metacarpianos* y son cinco. Corresponden cada uno de ellos a un dedo. Son huesos largos, con la diáfisis central y las epífisis en los extremos (la inferior o distal es la cabeza, y la superior o proximal, la base).

Se numeran del 1 al 5 empezando por el que corresponde al dedo pulgar y acabando por el correspondiente al meñique.

Huesos de los dedos

Son huesos largos. Hay tres huesos o *falanges* para cada dedo, con excepción del dedo pulgar, que tiene dos.

Huesos de la extremidad superior. De izquierda a derecha: visión posterior, anterior y lateral.

Anatomía

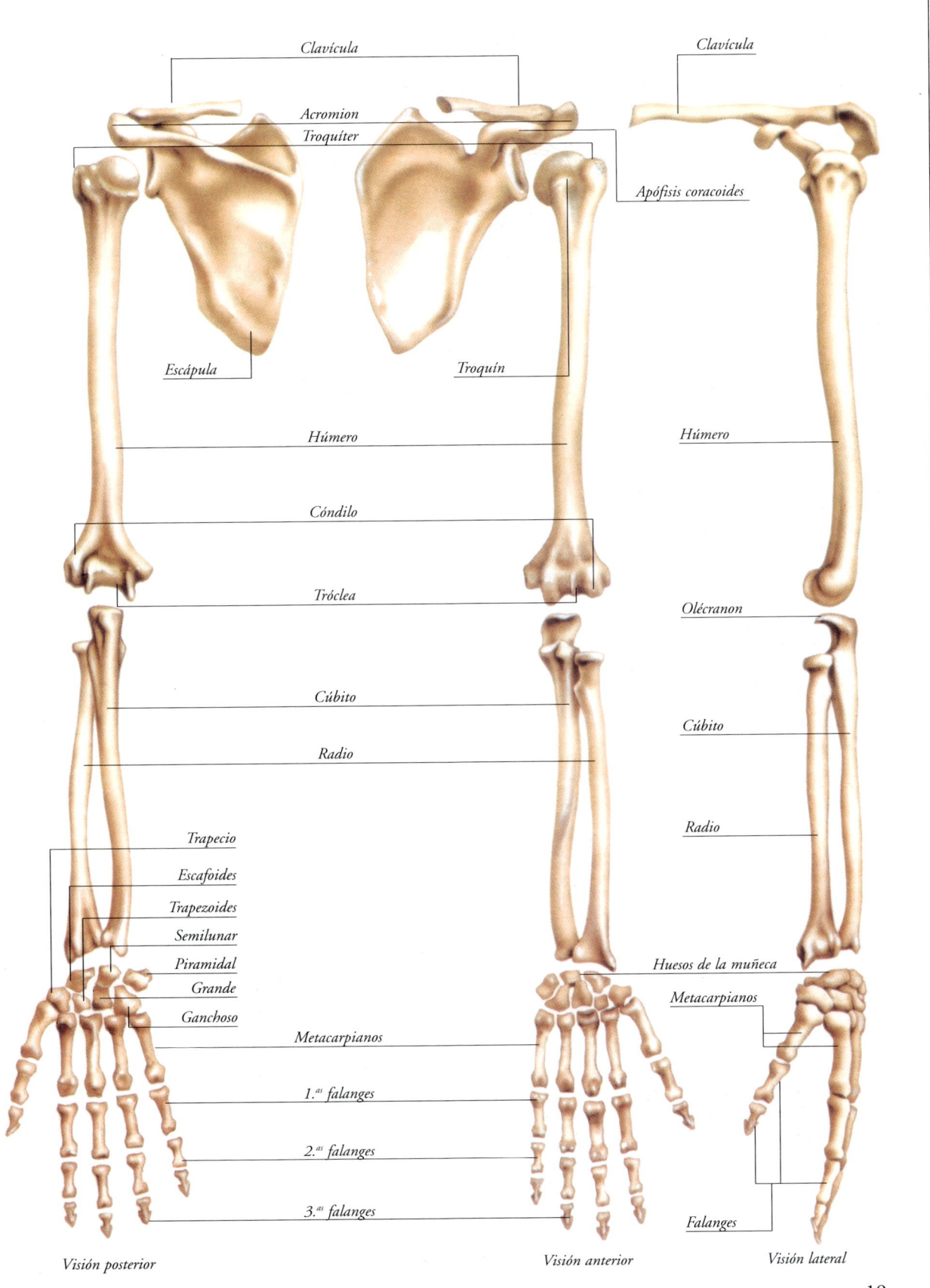

Visión posterior — *Visión anterior* — *Visión lateral*

Aparato locomotor

Huesos de la pelvis

La pelvis está formada por los siguientes huesos: coxales, sacro y coxis (fig. 29).

Los dos últimos se tratan con más detalle en el estudio de la columna vertebral.

Hueso coxal

El coxal está constituido por la fusión de tres huesos diferentes que se unen a lo largo de la etapa del crecimiento: íleon, isquion y pubis. Estos huesos confluyen aproximadamente en la parte media del hueso coxal.

La cara exterior de este hueso presenta una cavidad en forma de excavación esférica, rodeada por un reborde; se trata de la *cavidad cotiloidea*, que

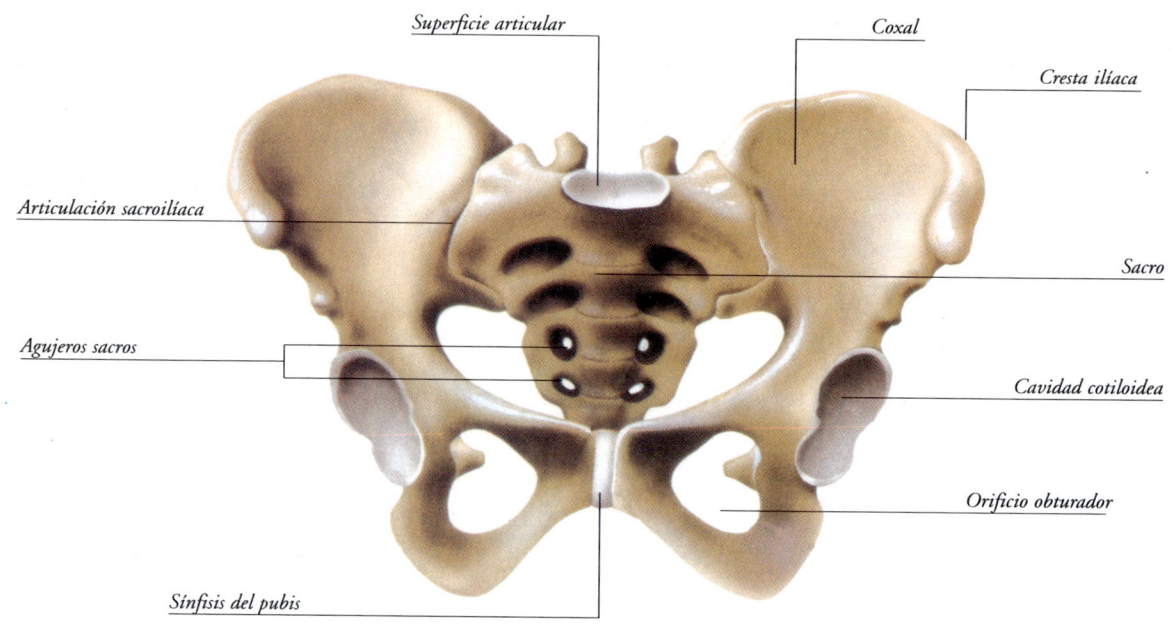

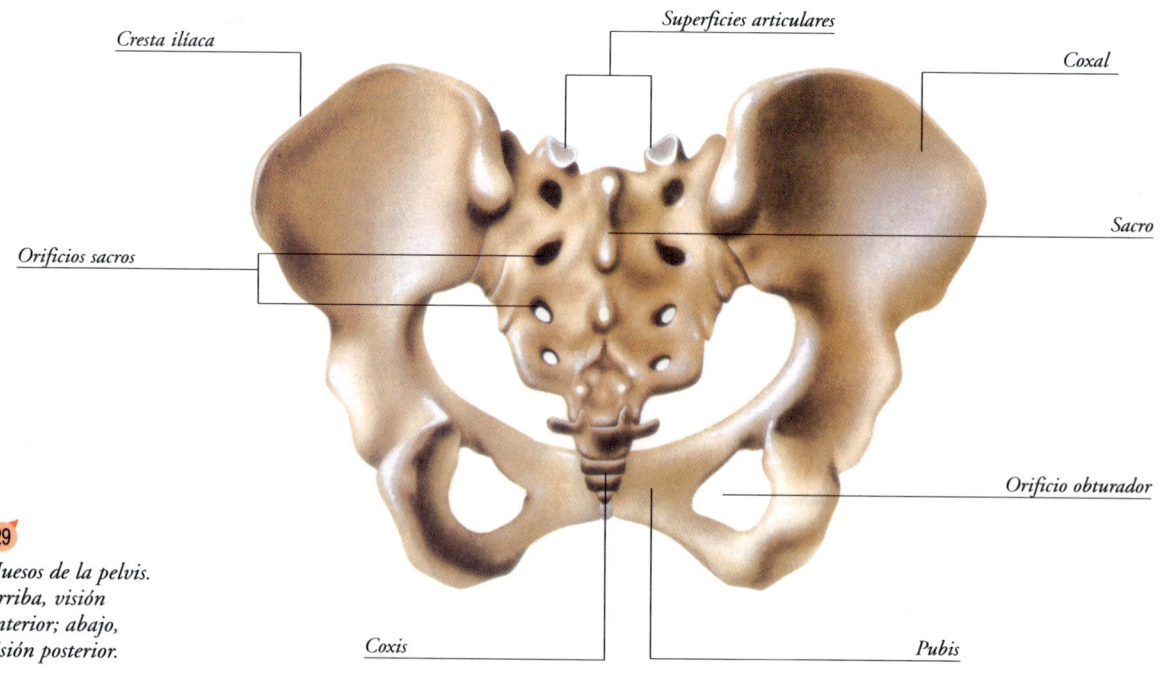

29
Huesos de la pelvis. Arriba, visión anterior; abajo, visión posterior.

está destinada a articularse con la cabeza del hueso fémur, que se introduce en ella.

Los huesos que forman el coxal son los siguientes (figs. 30 y 31):

Íleon

Es un hueso plano. Su parte inferior contribuye a formar la zona superior de la cavidad cotiloidea. Su cara interna es lisa y está en relación con los órganos intraabdominales. Su cara externa es más rugosa y en ella se insertan varios músculos de notable potencia. Su parte posterior e interna se une con el sacro.

Isquion

Su porción superior es gruesa y forma parte de la cavidad cotiloidea. La parte inferior, en forma de prolongación ósea curvada o *rama isquiática*, se continúa con la rama descendente del pubis.

Pubis

Su parte posterior completa la estructura de la cavidad cotiloidea. Su parte más gruesa es el cuerpo, de donde sale una prolongación, la *rama pubiana*, que se une al hueso isquion.

Las ramas del isquion y del pubis, al unirse entre sí, delimitan un gran orificio, el *orificio obturador*, que se halla ocluido por una membrana de tipo fibroso denominada *membrana obturatriz*.

La pelvis

Los huesos de la pelvis se articulan entre sí de tal modo que no tienen la capacidad de efectuar movimientos.

Las superficies articulares del sacro y del íleon son rugosas, y ambos huesos están fuertemente unidos entre sí.

Los dos huesos pubis se unen en la denominada *sínfisis del pubis*. Dicha articulación está formada por la unión de estos huesos gracias a la acción de una fuerte estructura fibrocartilaginosa que los fija y no permite ningún desplazamiento.

La pelvis debe soportar unas fuerzas muy grandes, pues se halla interpuesta entre las extremidades inferiores y el tronco, y transmite los traumatismos y las presiones de unas hacia el otro.

En el sexo femenino esta estructura es importante, ya que a su través debe pasar el feto en el momento del parto. Los diámetros fetales, en especial la cabeza, deben adaptarse a los diámetros de la pelvis materna, para lo cual se producen algunos giros al paso del feto.

30
Coxal visto por su cara externa.

Coxal visto por su cara interna.

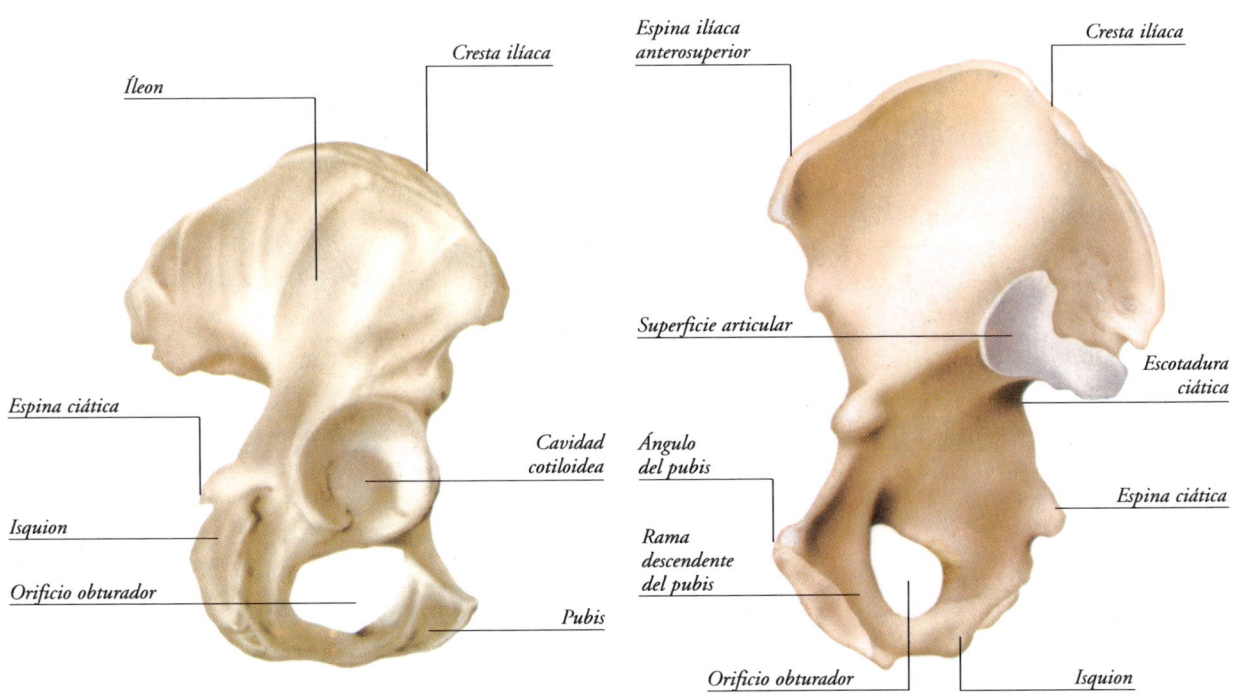

21

Huesos de las extremidades inferiores

Las extremidades inferiores están formadas por el muslo, la pierna y el pie, partes todas ellas que están unidas entre sí y con el cuerpo por las articulaciones de la cadera, la rodilla y el tobillo (fig. 33).

El fémur

El fémur forma el esqueleto del muslo. Es un hueso largo, el de mayor longitud de todo el organismo, de considerable grosor y robustez.

Su parte superior se articula con el hueso coxal, introduciéndose su cabeza en la cavidad cotiloidea. Su parte inferior se articula con la tibia, el peroné y la rótula (en la rodilla). Es un hueso importante por el esfuerzo a que está sometido. Las partes que lo forman son:

Epífisis superior. Está integrada por la cabeza, el cuello y unas prominencias denominadas *trocánteres*.

La cabeza femoral es de forma esférica, con paredes lisas. Encaja perfectamente con la cavidad cotiloidea del hueso coxal. Esta articulación permite efectuar movimientos en todas las direcciones.

El cuello del fémur es una zona más estrecha, que une la cabeza con el resto de la epífisis. Esta parte está sujeta a importantes tensiones (motivo por el cual la sustancia ósea se dispone en forma de trabéculas arqueadas). Los trocánteres son un par de prominencias, en la base del cuello, en las que se insertan importantes músculos.

Diáfisis. Es muy larga y resistente. Está formada por tejido óseo compacto que deja una oquedad en su parte central, la cavidad medular. No es completamente recta: presenta una ligera incurvación de unos 12° aproximadamente.

Epífisis inferior. En su centro hay un gran surco que se denomina *escotadura intercondílea*; a ambos lados presenta unas superficies lisas, los *cón-*

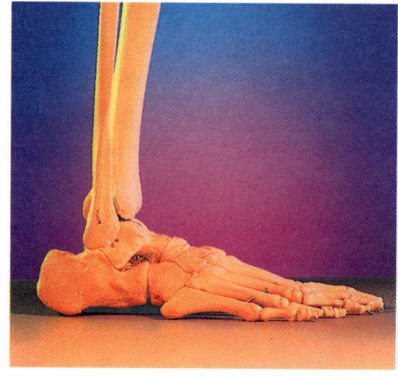

Imagen de los huesos del pie (visión de perfil).

dilos femorales, destinadas a articularse con la tibia. En la cara anterior tiene una depresión donde se aloja la rótula.

La rótula

La rótula es un hueso corto, redondeado, algo aplanado (en visión de perfil). Se halla en el espesor del tendón rotuliano. El tendón rotuliano se dirige desde el músculo cuádriceps (en el muslo) hasta la cara anterior de la epífisis superior de la tibia; este músculo permite la extensión de la pierna.

La tibia

La tibia es un hueso largo y resistente que forma, junto con el peroné, el esqueleto de la pierna. Soporta la mayor parte del peso corporal (por ello es más gruesa que el peroné). Por su extremo superior se articula con el fémur; por el extremo inferior lo hace con los huesos del tobillo (astrágalo) y, lateralmente, con el peroné.

Epífisis superior. Su cara superior presenta unas superficies excavadas, las *cavidades glenoideas*, destinadas a alojar los cóndilos del fémur. Entre ambas cavidades hay una prominencia llamada *espina tibial*.

Diáfisis. Está formada por tejido compacto. Es de gran resistencia.

Epífisis inferior. Su cara más inferior es lisa y se articula con el hueso astrágalo. Su extremo finaliza en una prominencia puntiaguda, la *apófisis estiloides*.

El peroné

El peroné es el otro hueso de la pierna. Es un hueso largo. Su importancia es menor que la de la tibia, al igual que su grosor y su resistencia. La epífisis superior, la cabeza, se articula lateralmente con la epífisis superior de la tibia. La epífisis inferior forma parte de la articulación del tobillo (también llamada tibioperoneoastragalina). Entre la tibia y el peroné se extiende la *membrana interósea*.

Los huesos del pie

El pie tiene 7 huesos cortos y 19 largos. Los cortos son: astrágalo, calcáneo, cuboides, escafoides y 1.ª, 2.ª y 3.ª cuñas. Los huesos largos son: 5 metatarsianos (cada uno corresponde a un dedo) y las falanges, de las cuales hay tres en cada dedo, excepto el dedo gordo, que tiene dos.

El *astrágalo* se articula con la tibia y el peroné. El *calcáneo* es el mayor de todos los huesos del pie, y también el más robusto; constituye el talón. Las tres *cuñas* y el *cuboides* se articulan anteriormente con los metatarsianos.

Las articulaciones entre los huesos del pie carecen de movimiento. Todos estos huesos están fuertemente unidos por ligamentos que los mantienen en sus posiciones adecuadas.

Huesos de la extremidad inferior.

Anatomía

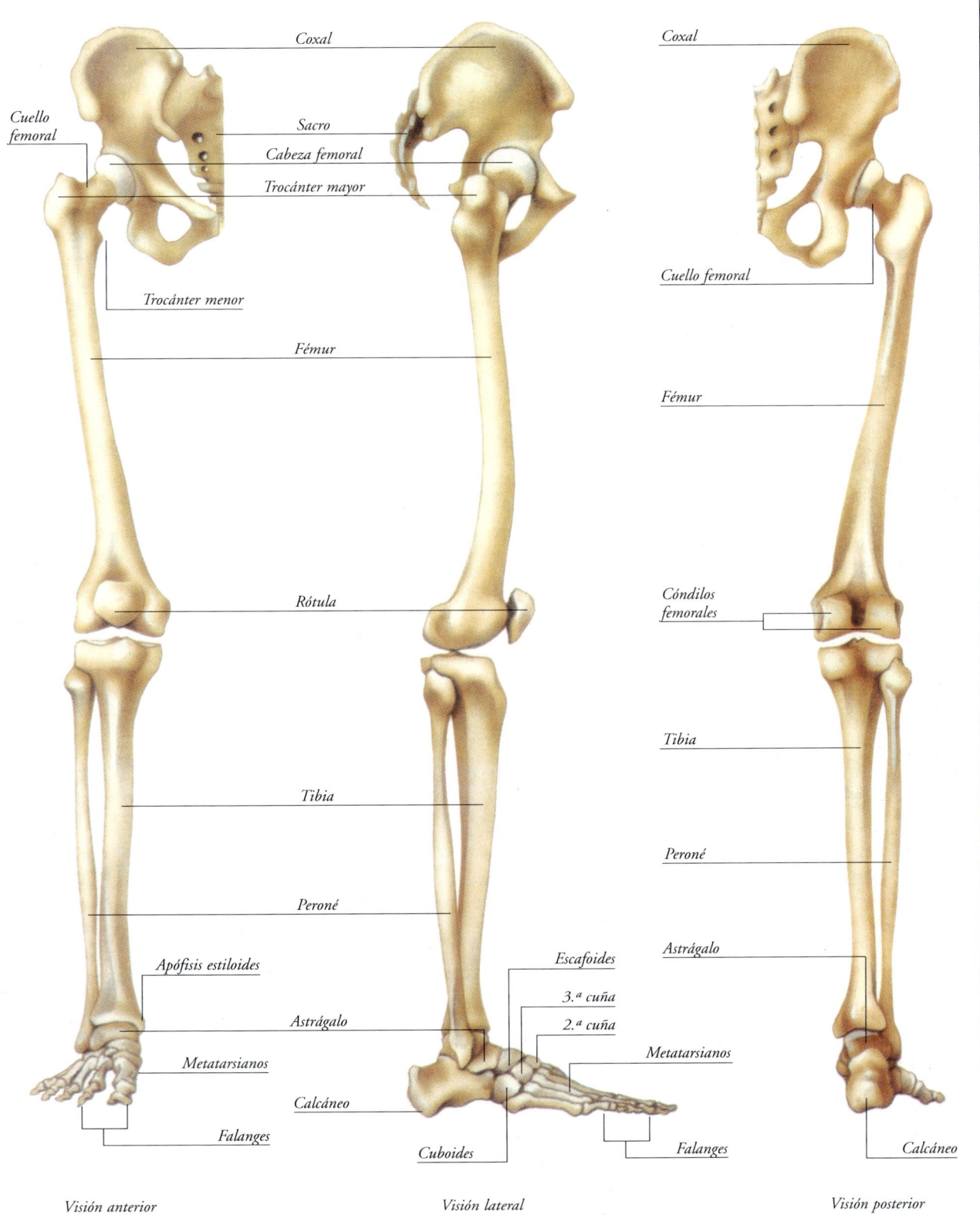

Aparato locomotor

Tipos de articulaciones

Los diferentes huesos del esqueleto se hallan unidos entre sí gracias a una serie de estructuras. Su conjunto forma la articulación. La ciencia que se dedica al estudio de las articulaciones se denomina Artrología, y su importancia es cada vez mayor. Se está comprobando que las articulaciones no son formaciones estáticas, sino que poseen entidad propia. Tienen su propia patología y son el órgano reactivo de muchas enfermedades del resto del organismo.

Toda articulación está formada por unos extremos óseos y por una serie de estructuras anejas (cápsulas, ligamentos...).

Sinartrosis

Con el nombre de sinartrosis se conocen todas aquellas articulaciones cuyos fragmentos no gozan de movilidad alguna. Los huesos del cráneo y de la cara son los ejemplos típicos de este tipo de articulaciones.

En el cráneo, los bordes de los huesos se acoplan mutuamente formando un complejo dentado. Así quedan firmemente unidas ambas partes. A este tipo de articulaciones se les llama *suturas* (fig. 34). Las articulaciones entre los huesos de la cara suelen formar una línea recta, sin describir las irregularidades de las suturas.

Anfiartrosis

Las anfiartrosis son aquellas articulaciones que presentan un mínimo grado de movimiento, a medio camino entre las sinartrosis y las diartrosis. Las caracteriza la presencia de un disco de caracteres fibrosos o fibrocartilaginosos que se halla interpuesto entre los dos extremos óseos. Constituye, de este modo, un fuerte elemento de fijación entre ellos.

Las anfiartrosis más típicas son las que se hallan entre unas vértebras y otras, en la columna vertebral. La sínfisis del pubis, que es la articulación que une los dos huesos coxales por su

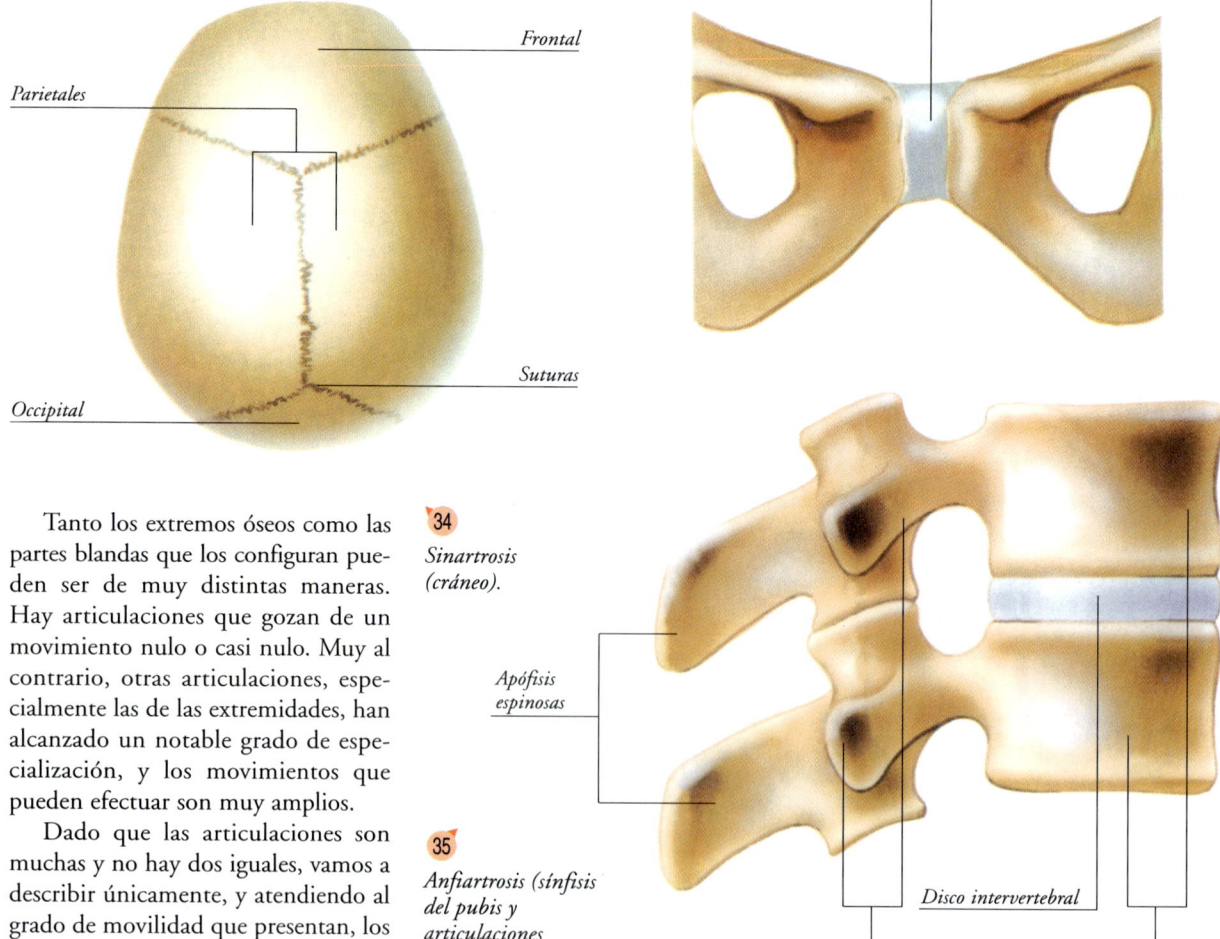

34
Sinartrosis (cráneo).

35
Anfiartrosis (sínfisis del pubis y articulaciones intervertebrales).

Tanto los extremos óseos como las partes blandas que los configuran pueden ser de muy distintas maneras. Hay articulaciones que gozan de un movimiento nulo o casi nulo. Muy al contrario, otras articulaciones, especialmente las de las extremidades, han alcanzado un notable grado de especialización, y los movimientos que pueden efectuar son muy amplios.

Dado que las articulaciones son muchas y no hay dos iguales, vamos a describir únicamente, y atendiendo al grado de movilidad que presentan, los tres tipos principales.

parte anterior, también es una anfiartrosis (fig. 35).

La sínfisis carece prácticamente de movimiento alguno, pero las articulaciones que hay entre unas vértebras y otras poseen una cierta amplitud de movimientos.

Diartrosis

Con este nombre se agrupan las articulaciones que permiten efectuar movimientos bastante amplios. Un buen ejemplo son las articulaciones del hombro, la cadera, la rodilla... Este tipo de articulaciones se caracteriza por tener una superficie articular extremadamente lisa y recubierta por una capa muy fina de tejido cartilaginoso. Esto permite que los dos fragmentos óseos se deslicen muy suavemente, al tiempo que aporta a las articulaciones una cierta elasticidad y una capacidad de amortiguación de los múltiples traumatismos a que se hallan sometidas.

Hay varios tipos de diartrosis. Las tres más importantes son (fig. 36):

Articulación condiloidea. Uno de los fragmentos óseos tiene forma redondeada, esférica o elíptica. El otro fragmento óseo tiene una cavidad a modo de molde de aquél. Constituyen ejemplos de este tipo de articulación la cabeza del radio con el cóndilo humeral (codo) y la articulación de la cadera.

Articulación troclear. Uno de los fragmentos óseos tiene forma de polea o tróclea (depresión central con dos asientos laterales). El otro fragmento óseo (el opuesto) se amolda a su morfología. Un ejemplo típico de esta articulación es la del húmero con el cúbito.

Artrodias. Este tipo de articulaciones se caracteriza por tener las caras articulares prácticamente planas. Por ejemplo, las articulaciones de los huesos de la muñeca o la zona del tarso.

Tipos de diartrosis.

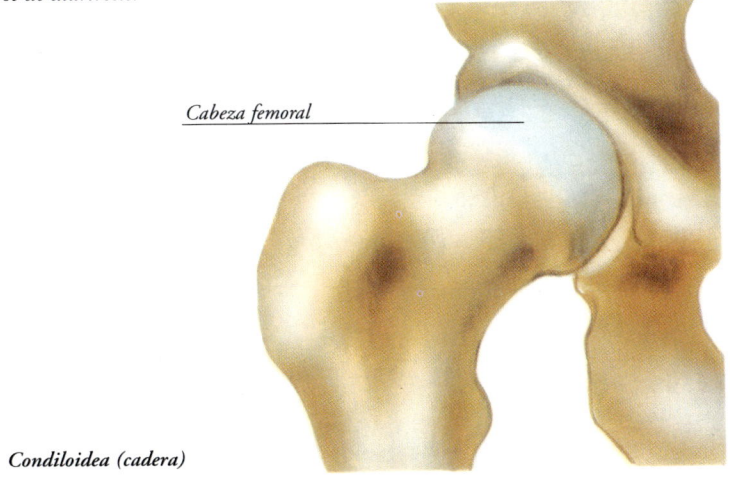
Condiloidea (cadera)

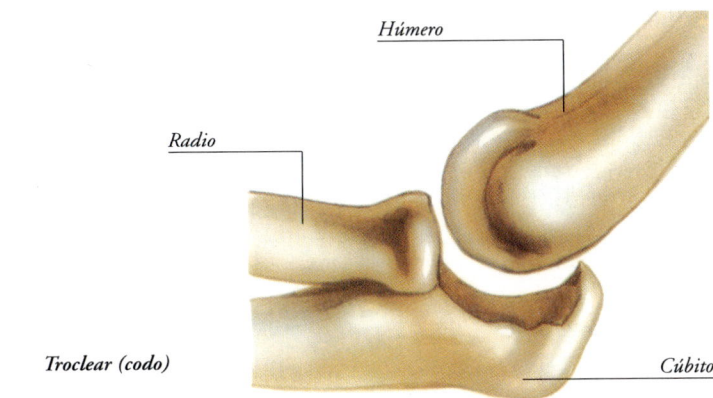
Troclear (codo)

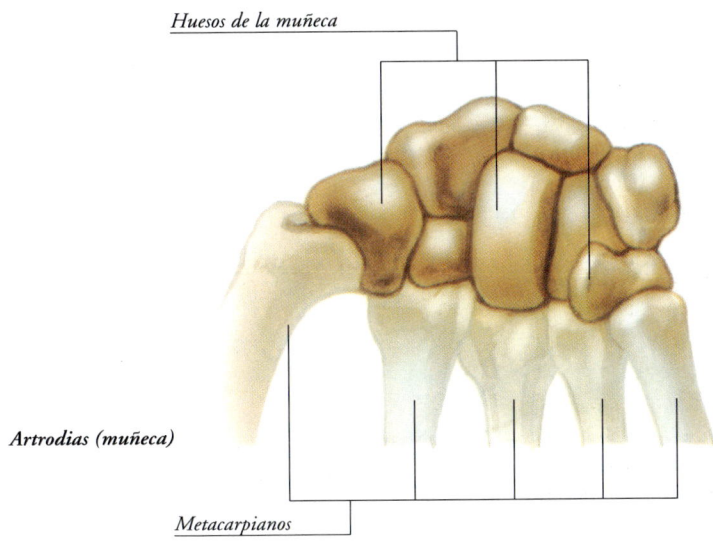
Artrodias (muñeca)

Aparato locomotor

Elementos de las articulaciones

Hasta aquí hemos comentado las articulaciones teniendo en cuenta solamente la forma de los huesos que van a articularse entre sí. Pero en cualquier articulación hay otros muchos elementos, aparte de los óseos. Sin su concurso no se obtendría el rendimiento deseado. Es preciso que una serie de elementos mantengan los huesos unidos para evitar que se alejen unos de otros y, al mismo tiempo, permitir que se ejecuten determinados movimientos.

Es necesario también que una serie de estructuras permitan que los extremos óseos se deslicen con suavidad, evitando así su desgaste, que sería inevitable si estos extremos estuvieran en contacto directo.

Se precisa así mismo un sistema de topes que limite la extensión de los movimientos para que no sobrepasen una amplitud determinada.

Los cinco principales elementos no óseos de las articulaciones que cumplen las funciones mencionadas son:

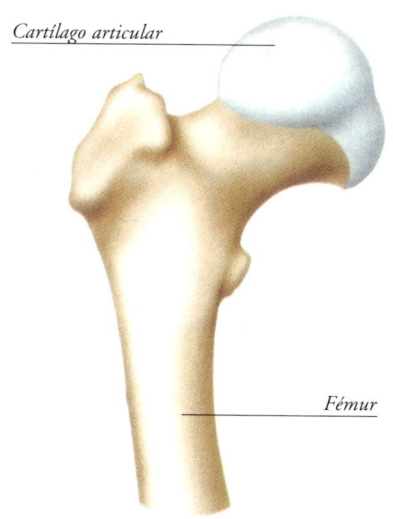

Cartílago articular

Fémur

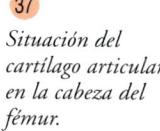
Situación del cartílago articular en la cabeza del fémur.

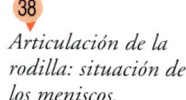
Articulación de la rodilla: situación de los meniscos.

El cartílago articular

El tejido cartalaginoso es un tipo de tejido conjuntivo formado por células y fibras elásticas y resistentes. Se halla en el interior de una sustancia que tiene una consistencia semidura y que proporciona, precisamente, esa consistencia y elasticidad que caracteriza al cartílago. Todas las superficies articulares están revestidas por una fina capa de cartílago hialino (llamado articular o de revestimiento).

El cartílago hialino tiene la misión de proporcionar un deslizamiento suave y evitar así el desgaste de los extremos óseos. Su elasticidad evita también que los traumatismos en una parte del cuerpo puedan lesionar, por transmisión de las sacudidas, a otras más alejadas (fig. 37).

Los meniscos

Los meniscos son estructuras fibrocartilaginosas. Se hallan interpues-

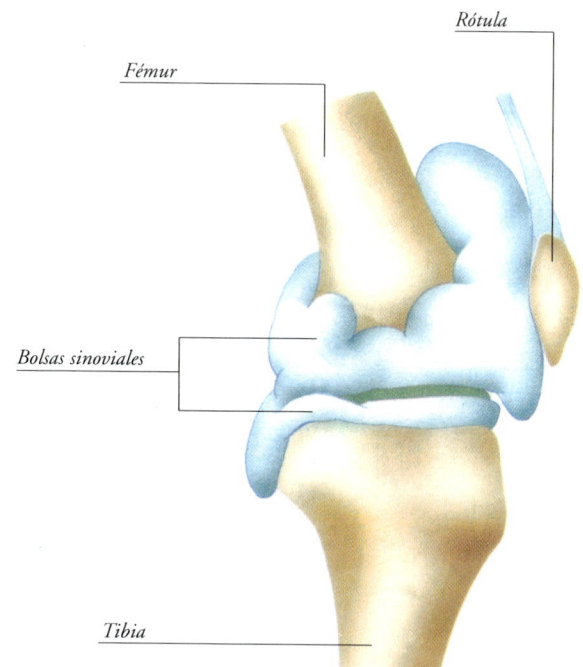

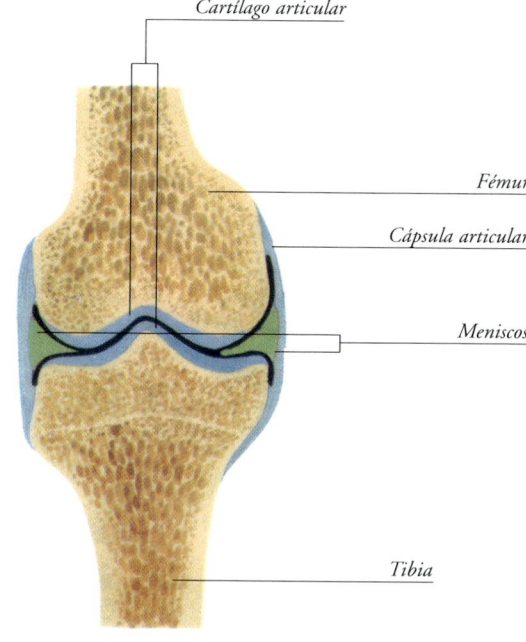

Anatomía

tos entre los extremos óseos de algunas articulaciones del cuerpo.

Su finalidad es que dichos extremos se adapten de una manera más perfecta y aumentar la superficie de contacto entre los huesos, quedando así más repartida la carga.

La articulación típica provista de meniscos es la rodilla (fig. 38), en la cual las lesiones de estas estructuras son frecuentes por la sobrecarga que se le exige muy habitualmente.

La membrana sinovial

La membrana sinovial es una especie de bolsa que, junto con la cápsula articular, envuelve las articulaciones y las transforma en un compartimento cerrado.

Confiere a la cavidad articular un revestimiento interno de aspecto liso y brillante. Su misión principal consiste en la formación de un líquido muy viscoso, denominado *sinovia*, y que tiene dos funciones diferentes:

— proporcionar una correcta lubricación a los cartílagos articulares.

— constituir el principal medio de alimentación de las células de estos cartílagos, al carecer éstos de vasos sanguíneos.

La cápsula articular

La cápsula articular es una membrana en forma de manguito que envuelve toda la cavidad articular. Se inserta en los bordes de las superficies óseas articulares, y de este modo los extremos óseos siempre se hallan próximos y ven limitados sus movimientos (fig. 39). Su misión fundamental es, pues, proporcionar estabilidad a todo el conjunto de la articulación.

En algunas zonas, esta cápsula es muy gruesa y resistente, prácticamente un ligamento. En otras articulaciones, en cambio, puede ser muy fina o casi inexistente.

Los ligamentos

Los ligamentos son estructuras fibrosas, a modo de cuerdas, que se hallan junto a las articulaciones. Gracias a ellos, los huesos permanecen debidamente unidos entre sí y ven limitada la amplitud de algunos movimientos (fig. 40).

Hay distintos tipos de ligamentos: anchos, elásticos, cortos, resistentes, etcétera. Algunos de ellos, como el ligamento redondo de la cadera o los ligamentos cruzados de la rodilla, se encuentran situados en el interior de las cavidades articulares.

Situación de la cápsula articular en la articulación del hombro.

Ligamentos de la articulación de la muñeca.

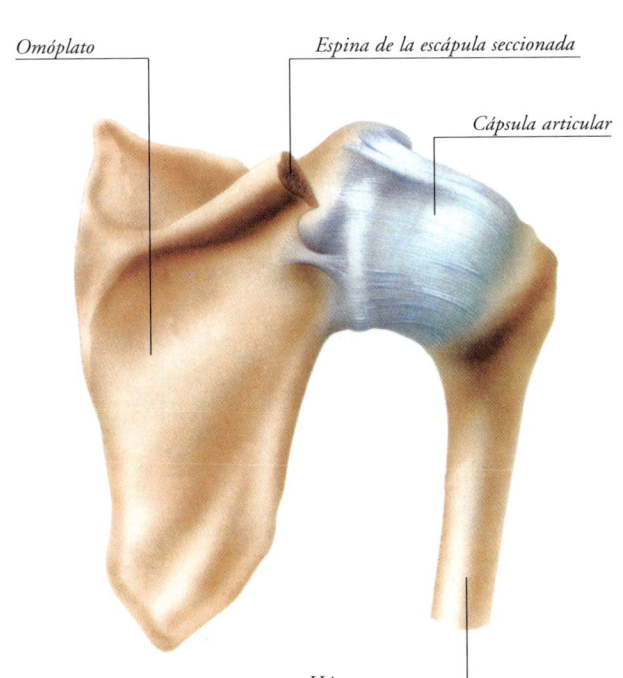

Omóplato — Espina de la escápula seccionada — Cápsula articular — Húmero

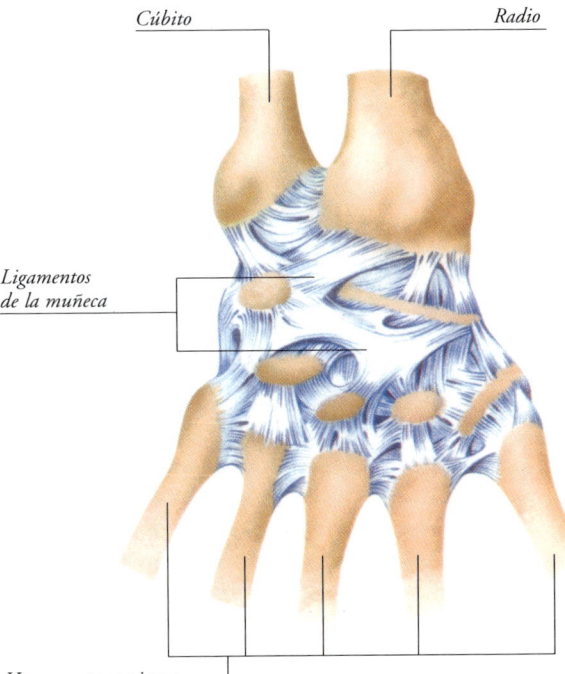

Cúbito — Radio — Ligamentos de la muñeca — Huesos metacarpianos

Aparato locomotor

Articulaciones de la cabeza y del tronco

La mayoría de las articulaciones de esta parte del cuerpo están poco especializadas en la realización de movimientos, pero en cambio se hallan preparadas para poder soportar grandes pesos y tracciones.

— ser lo suficientemente resistentes como para evitar que se pueda dañar la médula espinal, ya que esto significaría la muerte instantánea.

Las articulaciones que comprende son dos:

Articulación occipitoatloidea, del occipital con la primera vértebra cervical (el atlas).

En el occipital hay unas superficies que se articulan con las cavidades glenoideas del atlas.

Articulación atloidoaxoidea, del atlas con la segunda vértebra cervical (el axis).

Las carillas articulares inferiores del atlas se articulan con las carillas superiores del axis.

Articulaciones costovertebrales

Las costillas se unen a la columna vertebral mediante dos articulaciones que permiten efectuar movimientos de ascenso y descenso, y con ello los movimientos respiratorios.

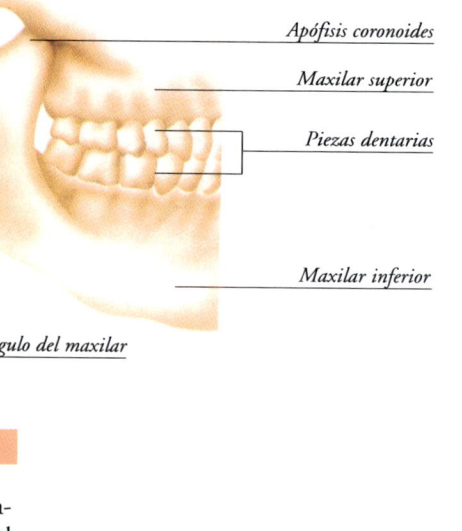

41 *Articulación temporomaxilar.*

- Apófisis coronoides
- Maxilar superior
- Piezas dentarias
- Maxilar inferior
- Hueso temporal
- Arco cigomático
- Ligamentos temporomaxilares
- Ligamento estilomaxilar
- Ángulo del maxilar

Articulación temporomaxilar

Esta articulación une el hueso maxilar inferior con el hueso temporal (fig. 41). Gracias a ella efectuamos los movimientos de la masticación. Permite el ascenso y descenso del maxilar inferior y a la vez hace que este hueso se desplace tanto hacia atrás como lateralmente.

La superficie de la articulación del maxilar es redondeada, mientras que la del temporal es del tipo de la cavidad glenoidea.

Esta articulación posee menisco articular y varios ligamentos que permiten que el maxilar se mantenga en la posición correcta.

Articulación cabeza-cuello

Son en realidad varias articulaciones (fig. 42). Cumplen dos misiones:
— permitir una gran movilidad de la cabeza en todos los sentidos.

 42 *Articulaciones cabeza-cuello.*

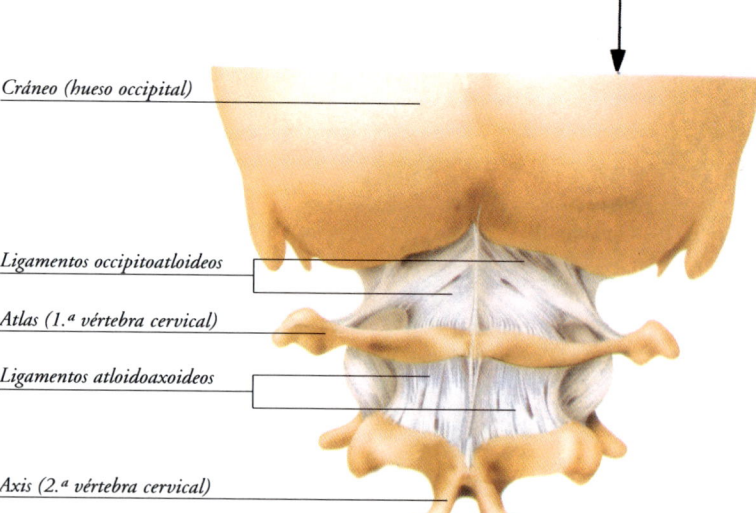

- Cráneo (hueso occipital)
- Ligamentos occipitoatloideos
- Atlas (1.ª vértebra cervical)
- Ligamentos atloidoaxoideos
- Axis (2.ª vértebra cervical)

Anatomía

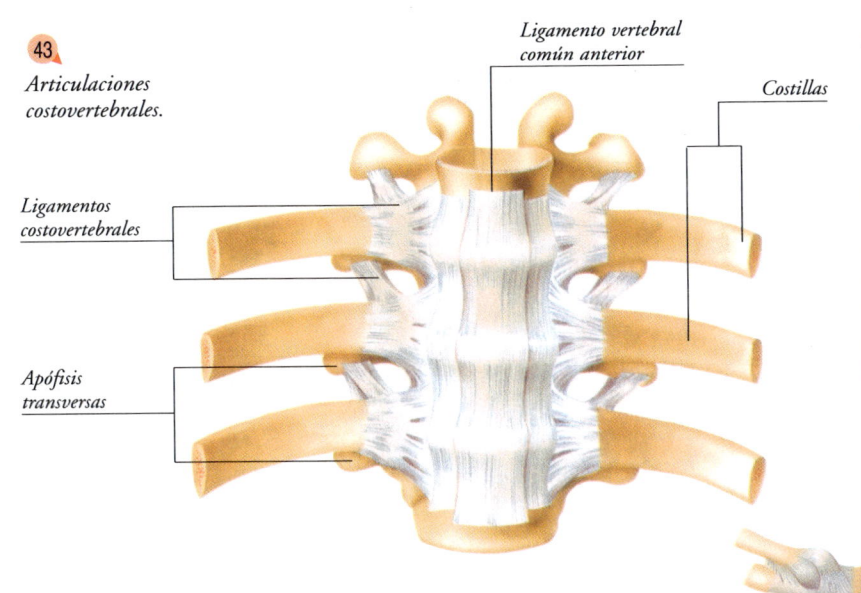

43 Articulaciones costovertebrales.

- Ligamentos costovertebrales
- Apófisis transversas
- Ligamento vertebral común anterior
- Costillas

grande. Mediante ella se transmite todo el peso del cuerpo a su base de apoyo, la pelvis y las extremidades inferiores. Debido a esta circunstancia, los ligamentos deben ser muy potentes (fig. 45).

Esta articulación no es lisa, sino que está llena de rugosidades. La cápsula articular es muy corta y rígida. Los ligamentos van desde el hueso coxal hasta la columna vertebral y el hueso sacro.

La unión de estos huesos se debe a una serie de ligamentos costovertebrales (fig. 43).

Articulaciones esternoclaviculares y esternocostales

Son las del esternón con la clavícula y las costillas (fig. 44).

Articulación esternoclavicular

La clavícula se une al borde superior del esternón por unos ligamentos esternoclaviculares y costoclaviculares. Entre ellos hay un pequeño menisco. Esta articulación permite efectuar los movimientos del hombro.

Articulaciones esternocostales

Estos huesos se unen entre sí mediante un cartílago. Cada una de las siete primeras costillas posee un cartílago propio, mientras que el de las demás es común.

Estas articulaciones realizan movimientos muy reducidos.

Articulación sacroilíaca

La articulación del sacro con el coxal no efectúa ningún movimiento, pero la fuerza que soporta es muy

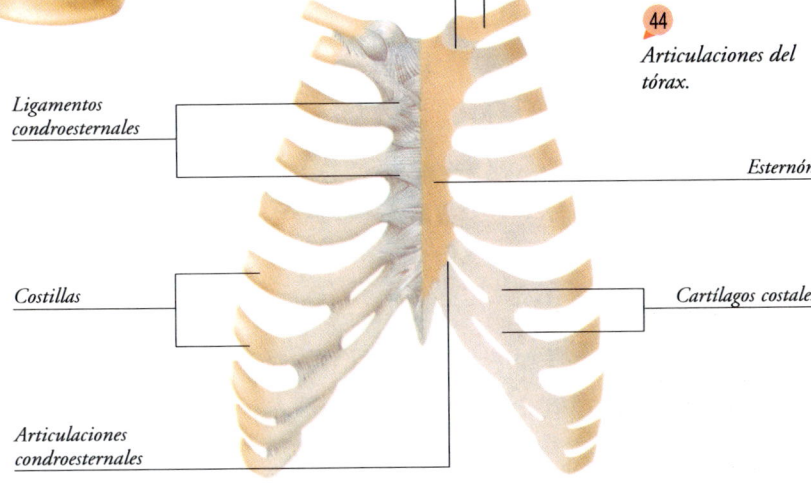

44 Articulaciones del tórax.

- Ligamentos condroesternales
- Costillas
- Articulaciones condroesternales
- Articulación esternoclavicular
- Clavícula
- Esternón
- Cartílagos costales

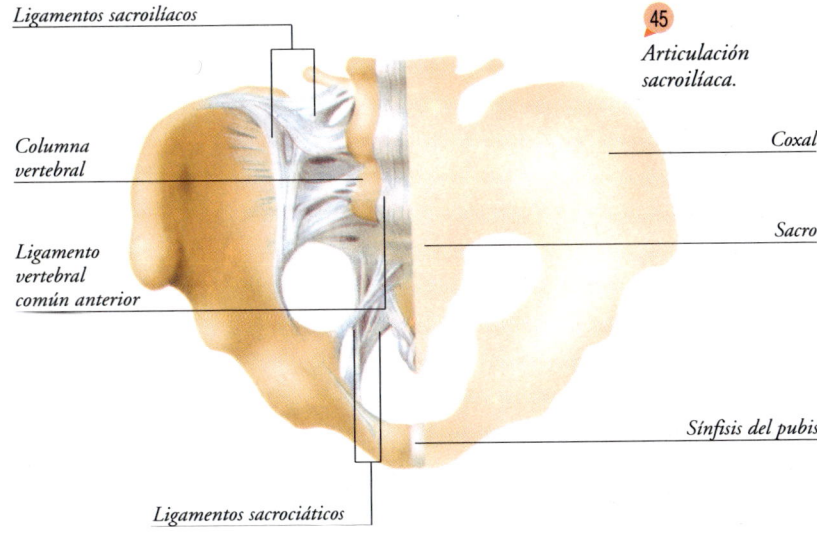

45 Articulación sacroilíaca.

- Ligamentos sacroilíacos
- Columna vertebral
- Ligamento vertebral común anterior
- Ligamentos sacrociáticos
- Coxal
- Sacro
- Sínfisis del pubis

Aparato locomotor

Articulaciones de las extremidades superiores

La articulación del hombro

La articulación del hombro permite al brazo efectuar movimientos en todos los sentidos del espacio: elevación anterior, elevación lateral y rotación. De hecho, las articulaciones presentes en el hombro son dos (fig. 46):

Articulación acromioclavicular

En esta articulación, el extremo del acromion (parte final de la espina de la escápula) presenta una pequeña carilla articular. Esta carilla se une con otra parecida, situada en el extremo externo de la clavícula. La cápsula articular, reforzada por varios ligamentos, hace que dichos huesos permanezcan perfectamente unidos.

Articulación escapulohumeral

Es la articulación que se forma entre la escápula y el húmero. Es la de mayor amplitud de movimientos que existe en el cuerpo humano. Las superficies articulares del hombro están formadas por:

La cabeza humeral. Es de forma redondeada, del tipo de las articulaciones condiloideas.

La cavidad glenoidea de la escápula. Es una depresión cóncava. Se halla aumentada de tamaño por la inserción, a su alrededor, del llamado *rodete glenoideo*, de tejido fibroso. En el borde superior de la cavidad glenoidea se inserta el tendón del músculo bíceps. Este músculo tiene una porción revestida de vaina sinovial y discurre por el interior de la articulación.

La cápsula articular, que está atravesada por el mencionado tendón del músculo bíceps, envuelve completamente ambas superficies articulares. Unos robustos ligamentos mantienen unido el húmero a la escápula. No obstante, y con relativa facilidad, por la acción de diversos traumatismos, la cabeza del húmero puede salirse de la cavidad glenoidea; se produce, entonces, la denominada luxación escápulohumeral.

La articulación del codo

En el codo existen de hecho tres articulaciones bien diferenciadas, aunque la cápsula articular envuelve las tres formando así una cavidad articular única (fig. 47):

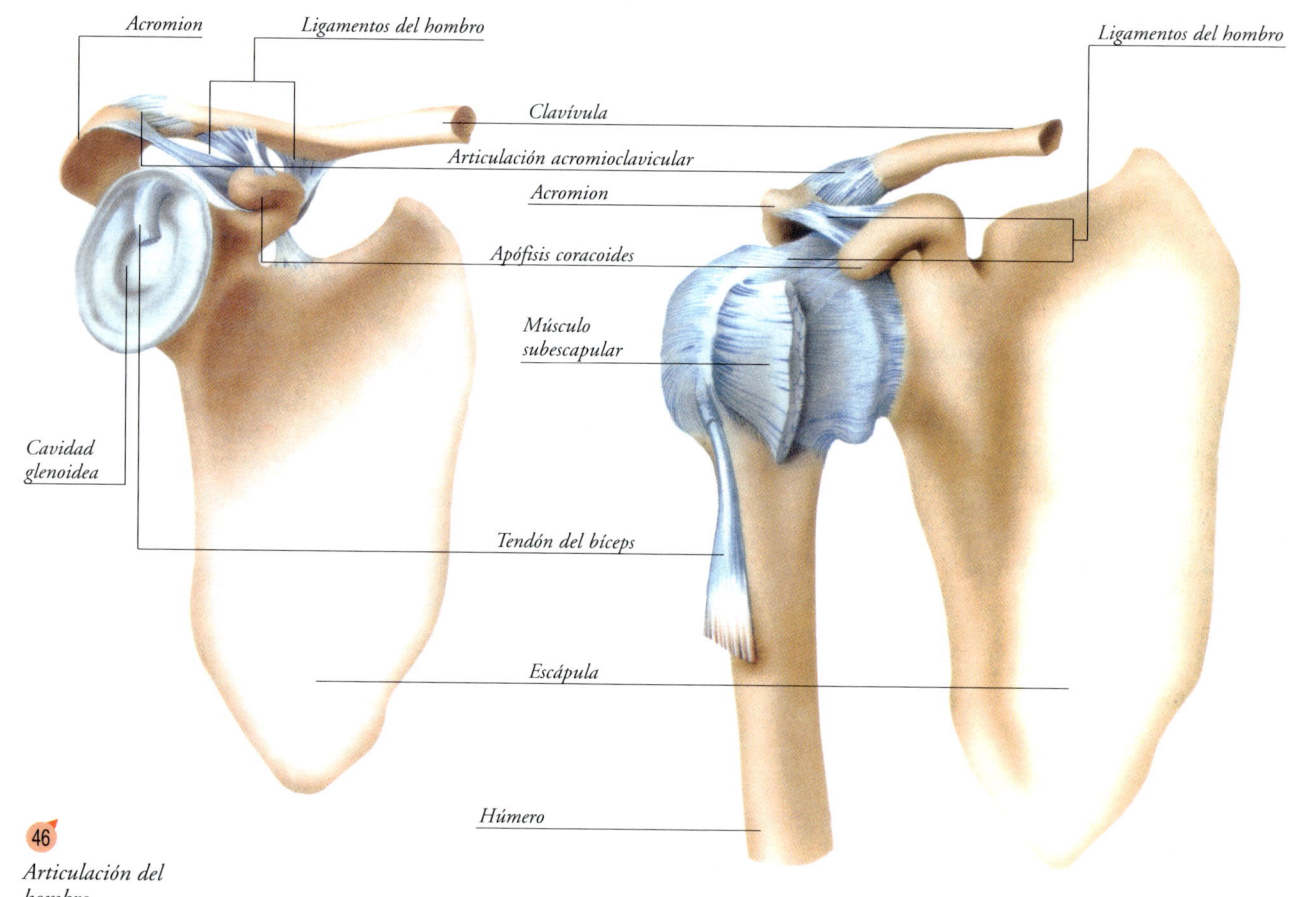

46
Articulación del hombro.

Anatomía

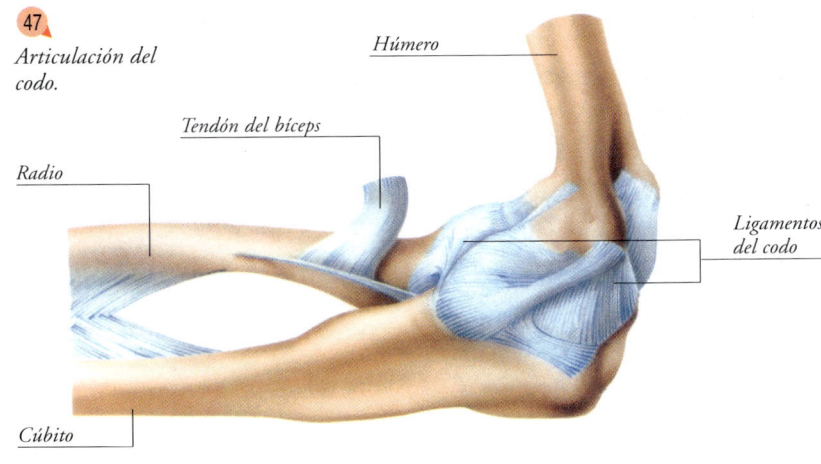

Articulación del codo.

Articulación humerocubital

Esta articulación es del tipo de las tróclas o poleas. Permite únicamente los movimientos de flexoextensión.

Articulación humerorradial

Está formada por el cóndilo humeral, que se introduce en la cavidad radial.

Articulación radiocubital

Las epífisis superiores de los dos huesos se hallan unidas entre sí a través de dos carillas articulares. Desde un punto de vista funcional, la articulación del codo lleva a cabo dos tipos de movimiento diferentes: el de flexión-extensión y el de rotación (pronación-supinación).

Los movimientos de rotación del antebrazo se consiguen cuando el cúbito queda fijado en una posición determinada y, al mismo tiempo, el radio cruza por delante de él, en forma de «X». Se produce de esta manera el giro de la mano.

Articulación de la muñeca

En la muñeca hay un gran número de articulaciones:

— la *radiocubital inferior*.
— la del radio con los huesos del carpo (*radiocarpiana*).
— las de los huesos del carpo entre sí (*carpocarpianas*).
— las *carpometacarpianas*.

La mayoría de las carillas articulares son planas. Constituyen así articulaciones del tipo de las artrodias.

Los huesos de esta zona se mantienen unidos gracias a la existencia de gran número de ligamentos que discurren de unos a otros (fig. 48).

Articulaciones de los dedos

Estas articulaciones son del tipo de las tróclas. Las cápsulas articulares son bastante laxas, pero están reforzadas lateralmente por los ligamentos laterales (fig. 48).

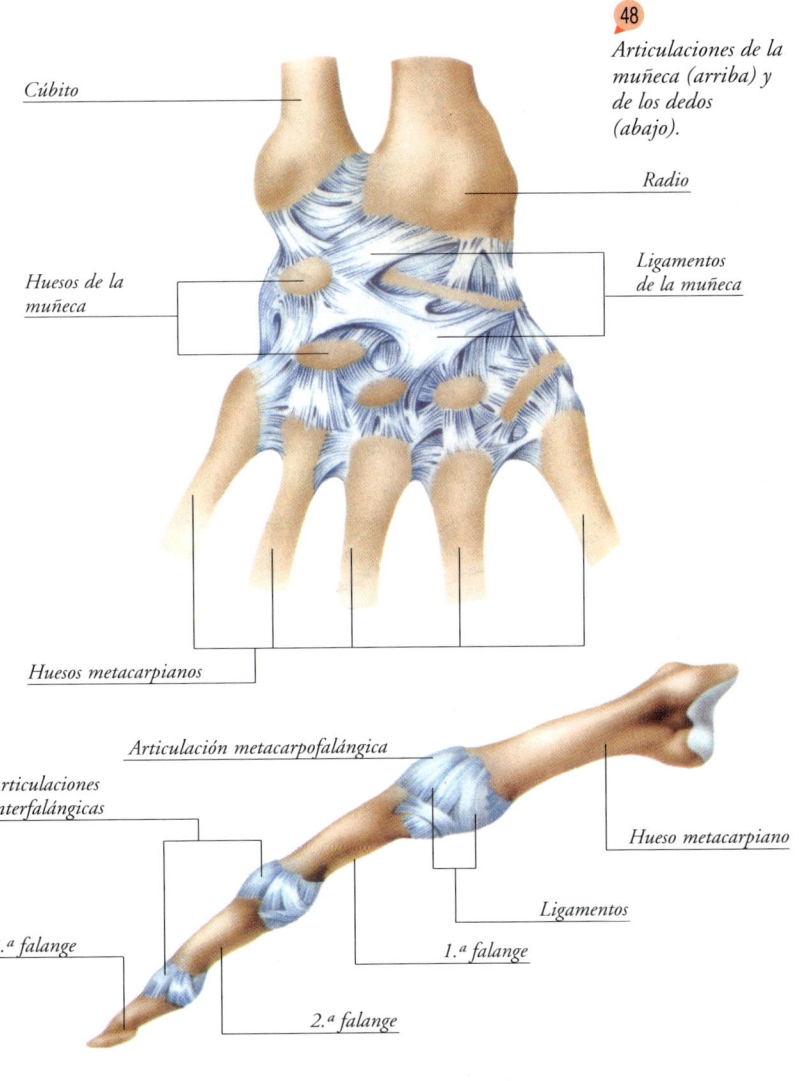

Articulaciones de la muñeca (arriba) y de los dedos (abajo).

Aparato locomotor

Articulaciones de las extremidadades inferiores

El conjunto de las articulaciones de las extremidades inferiores permite que podamos desplazarnos y relacionarnos con los demás seres. Dicho de otra manera, están adaptadas para la marcha en posición erguida.

Estas articulaciones son las que están sometidas a un mayor esfuerzo, y por lo tanto, a un mayor desgaste.

culación es la más resistente del organismo humano.

Varios ligamentos mantienen unidos estos huesos entre sí (fig. 49). Uno de ellos, llamado *redondo*, es intraarticular. Se halla entre el centro de la superficie articular de la cabeza femoral y la zona más profunda de la cavidad cotiloidea.

Articulación de la rodilla

Esta articulación tiene un funcionamiento muy delicado y es una de las más complejas del organismo.

Las superficies articulares son:
— por parte del fémur, los *cóndilos*, que son redondeados y están situados en el extremo inferior del hueso.

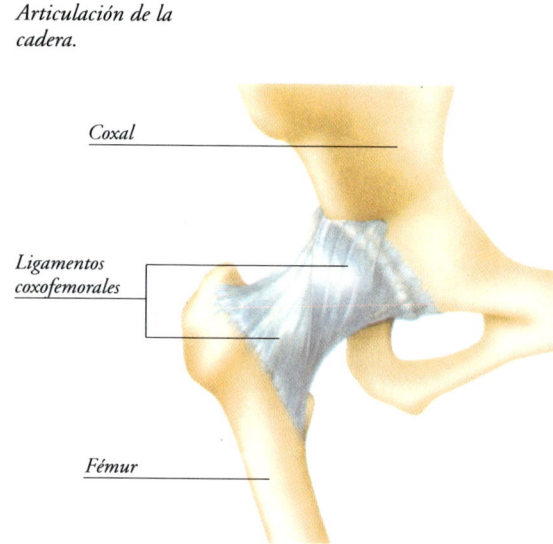

49 Articulación de la cadera.

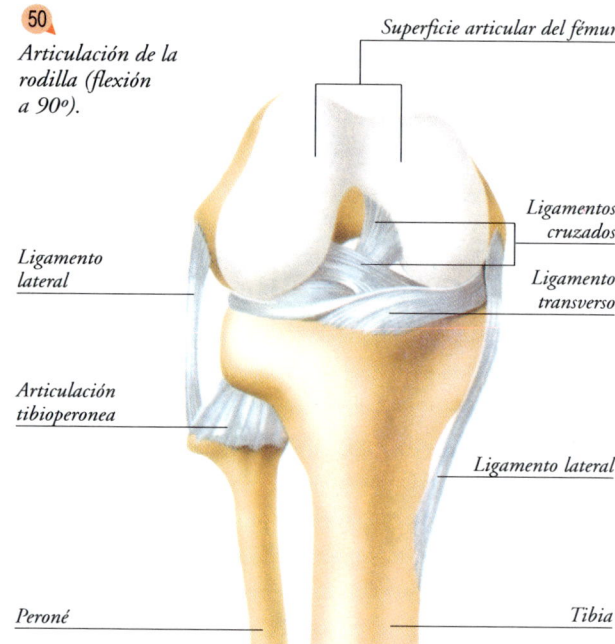

50 Articulación de la rodilla (flexión a 90º).

Por ello, tanto la rodilla como la cadera presentan muy frecuentemente lesiones.

Articulación de la cadera (coxofemoral)

Articulación formada por la cabeza del fémur y la cavidad cotiloidea del hueso coxal. La cabeza del fémur, de forma semiesférica, se introduce en el cótilo o acetábulo. En el borde de esta cavidad del hueso coxal se inserta un anillo fibrocartilaginoso denominado *labio glenoideo*. Este anillo envuelve perfectamente la porción de cabeza femoral que no cabe en la cavidad cotiloidea. La cápsula de esta arti-

51 Articulación de la rodilla (cara superior tibial).

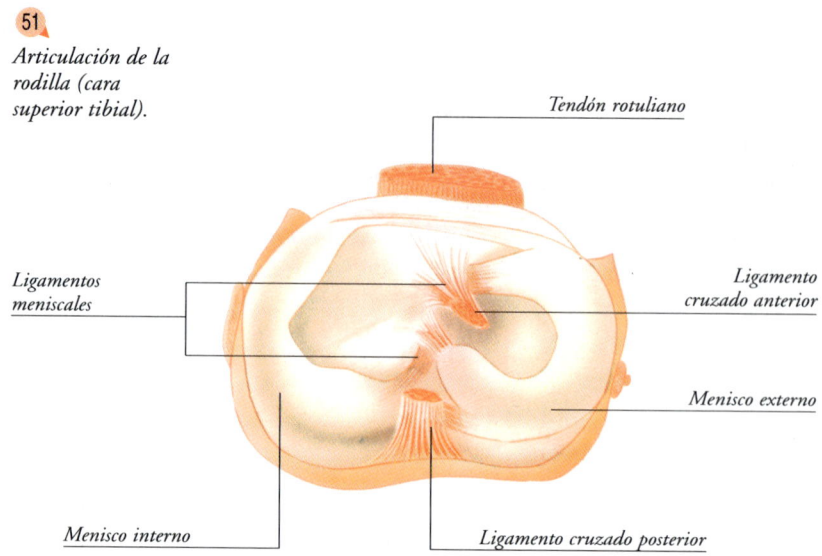

— por parte de la tibia, dos plataformas más o menos planas denominadas *mesetas tibiales*. Están separadas entre sí por una cresta llamada *espina tibial*.

Para conseguir una mejor adaptación articular, se intercalan entre ambas superficies unas estructuras fibrocartilaginosas. Son los llamados

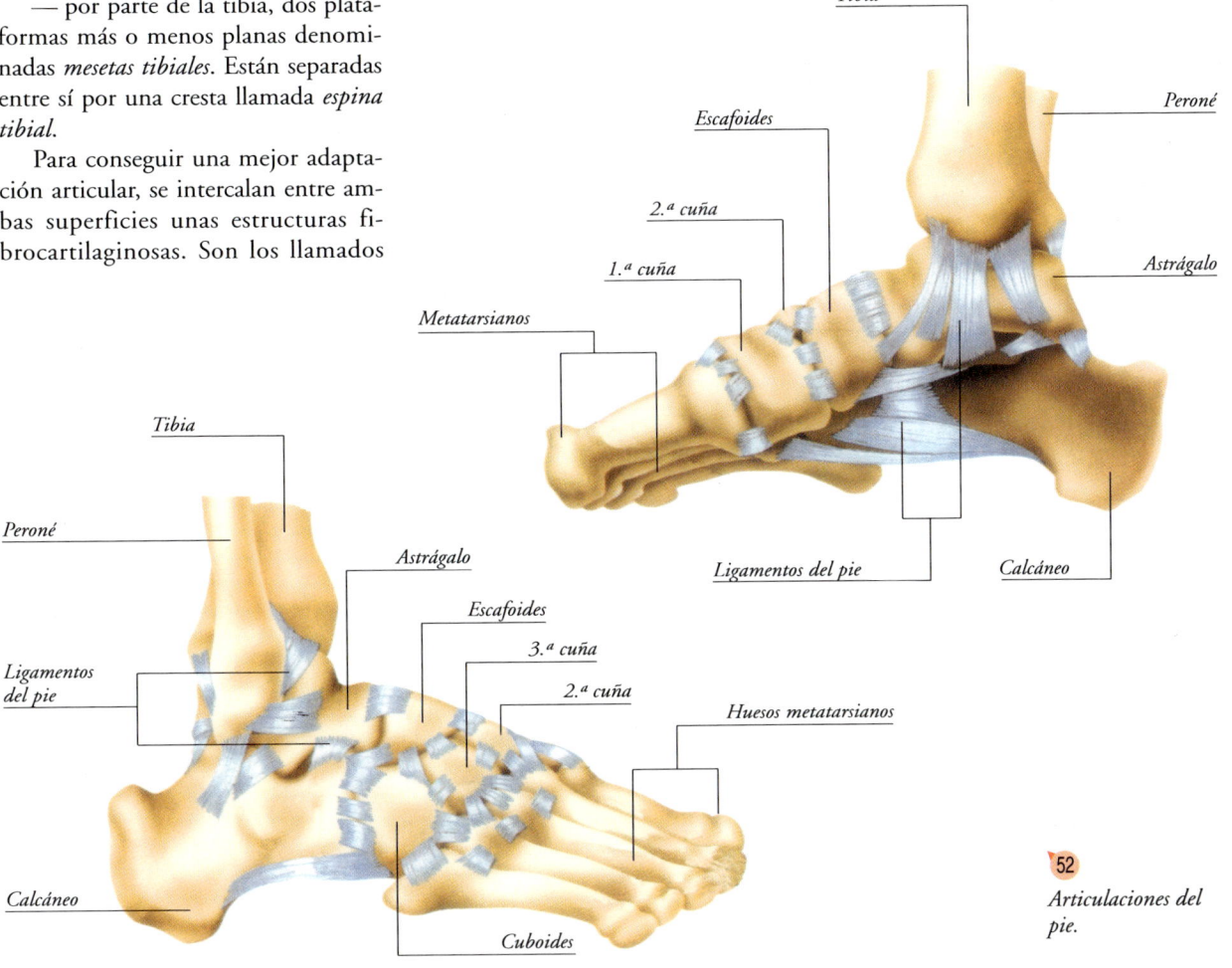

Articulaciones del pie.

meniscos de la rodilla. Son dos, uno para cada cóndilo femoral.

El menisco externo, que está situado en el lado exterior de la rodilla, tiene una forma parecida a la de un anillo ancho, dejando una gran cavidad en su centro.

El menisco interno tiene la forma de una semiluna y es más ancho que el anterior.

Cuando se flexiona la pierna, la meseta tibial se desplaza hacia atrás, siguiendo a las superficies articulares de los cóndilos femorales y manteniéndose la interposición de los meniscos entre ambos huesos.

Los meniscos pueden desgarrarse con relativa facilidad, muy especialmente cuando los movimientos de flexoextensión se combinan con movimientos de rotación.

El fémur y la tibia están unidos por fuertes ligamentos que impiden la flexión lateral y limitan la extensión. En el interior de la articulación existen dos ligamentos, los denominados *ligamentos cruzados*, que tienen gran importancia para la estabilidad articular (figs. 50 y 51).

Articulaciones del tobillo y el pie

Al igual que en la muñeca y en la mano, en esta zona hay gran cantidad de articulaciones (fig. 52): *peroneotibial, tibioastragalina*, articulaciones de los huesos del tarso entre sí, articulaciones *tarsometatarsianas, metatarsofalángicas* e *interfalángicas*. Tienen la peculiaridad de tener que soportar todo el peso del cuerpo. La mayoría de sus caras articulares son planas, del tipo de las artrodias.

Los ligamentos de esta zona son cortos y de gran resistencia. Además de sostener todo el peso corporal, deben mantener la forma arqueada en que están dispuestos los huesos.

Una debilidad ligamentosa acarrearía el hundimiento del pie y la desaparición del arco plantar, y esto comportaría el llamado «pie plano».

Aparato locomotor

Generalidades del sistema muscular

El conjunto de músculos de nuestro cuerpo recibe el nombre de sistema muscular. Tiene como misión responder en cada momento a las órdenes voluntarias de realización de movimientos que le llegan por el sistema nervioso. Cuando hablamos de sistema muscular nos referimos en concreto al *sistema muscular estriado*. Su nombre se debe a que, al observarlo al microscopio, se aprecia una serie de estrías que se disponen perpendicularmente a la dirección de las fibras musculares.

Aparte de los músculos estriados, hay otros músculos denominados *lisos*. Carecen de estrías y tienen como características principales las de ser de movimientos involuntarios y el formar parte de vísceras internas (intestinos, uréteres, etcétera). En el organismo existen en total unos 400 músculos. Representan el 35-40 % del total del peso corporal.

Los músculos pueden insertarse a diferentes estructuras del cuerpo:

A los huesos. Pueden hacerlo de forma directa o por medio de un tendón, que es una especie de cuerda fibrosa muy resistente que por un extremo se une al músculo y por el otro se inserta firmemente en el hueso.

A las aponeurosis. Son bandas fibrosas muy anchas. Un ejemplo de este tipo de inserción lo constituyen los músculos de la pared abdominal.

A la piel. Éste es el caso de los denominados músculos cutáneos.

A las mucosas. Por ejemplo, los músculos de la lengua.

El tamaño de un músculo es muy variable en función del trabajo que deba realizar. El trabajo físico intenso origina una hipertrofia muscular, mientras que el reposo es causa de atrofia.

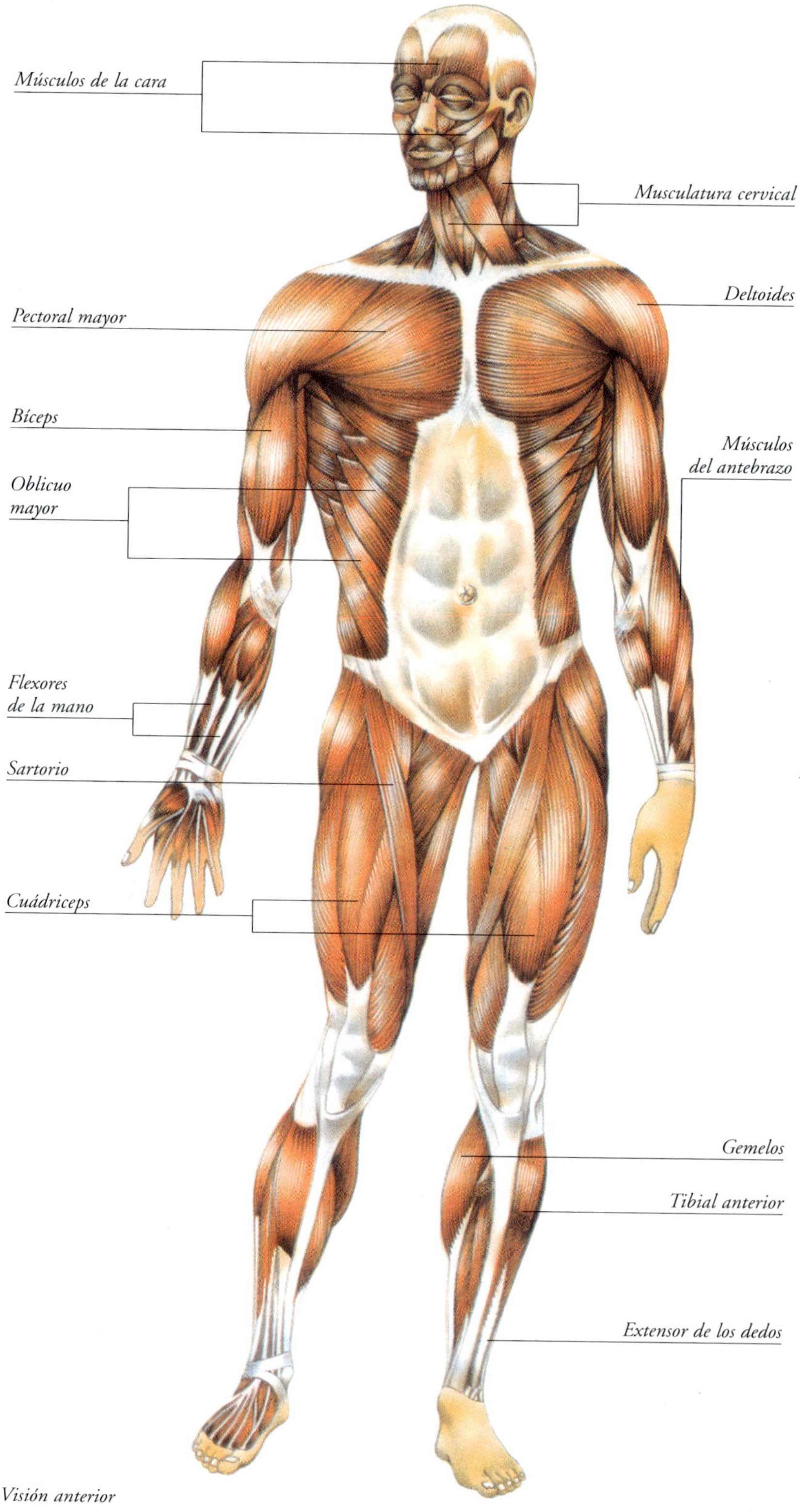

Músculos más importantes del cuerpo humano.

Visión anterior

34

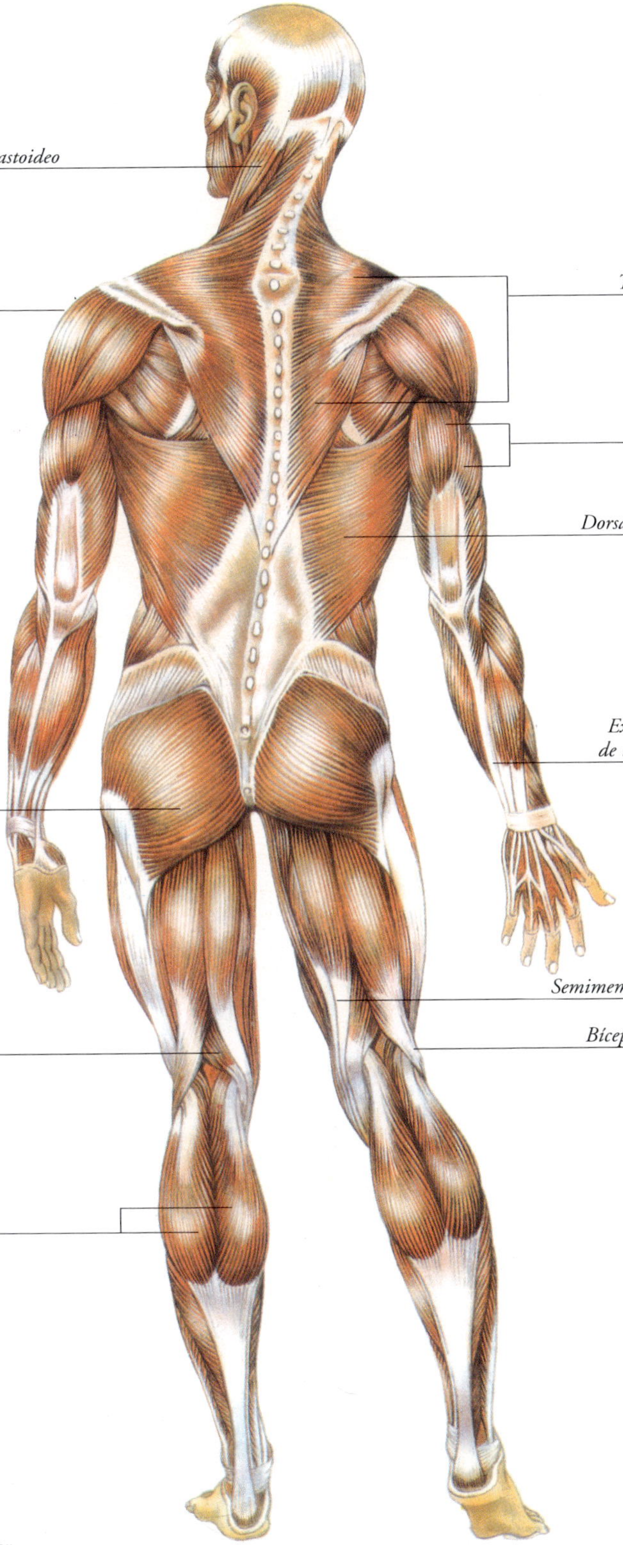

Anatomía

La contracción muscular

Los músculos tienen la capacidad de contraerse cuando reciben una señal eléctrica procedente de un nervio que así se lo ordena. Pero ¿cómo se produce esta contracción? Sus mecanismos más íntimos nos son todavía desconocidos. No obstante, sabemos que el músculo está compuesto por pequeñas *fibras musculares*, y cada una de éstas contiene varios centenares o millares de *miofibrillas*. A su vez, las miofibrillas están formadas por unos filamentos de dos proteínas, *actina* y *miosina*, que se encuentran parcialmente superpuestos. Cuando llega el impulso nervioso se produce un aumento del grado de superposición de estos filamentos, lo cual determina un acortamiento de la longitud del músculo.

Imagen microscópica de un músculo estriado.

- Esternocleidomastoideo
- Deltoides
- Trapecio
- Tríceps
- Dorsal ancho
- Extensores de la mano
- Glúteo mayor
- Semimembranoso
- Bíceps crural
- Semitendinoso
- Gemelos

Visión posterior

Generalidades del sistema muscular (continuación)

Tipos de músculos

En los músculos del cuerpo humano se aprecia un gran número de formas diferentes. Se pueden clasificar en varios grupos, atendiendo a dos conceptos distintos: su forma y su inserción. En función de su morfología global, podemos clasificar los músculos, al igual que los huesos, en los tres siguientes grupos (fig. 55):

Músculos largos

Son alargados. Su longitud predomina mucho sobre su anchura y su espesor. Se hallan principalmente en las extremidades y originan movimientos amplios y rápidos.

Músculos anchos

Son muy aplanados, en forma de capa y con un grosor muy escaso. Se hallan predominantemente en la pared del abdomen y del tórax. Su misión es proporcionar un revestimiento amplio y potente a las dos grandes cavidades del cuerpo (la torácica y la abdominal).

Músculos cortos

Son pequeños y presentan formas diversas. Abundan mucho alrededor de la columna vertebral. Realizan movimientos cortos pero de una gran potencia.

Si atendemos a la inserción de los músculos en los tendones, hallamos músculos con extremos bifurcados o trifurcados a la altura de sus respectivos tendones, músculos con un tendón central que recuerda la forma de una pluma de ave, músculos con varios tendones transversales, músculos con una ancha lámina tendinosa, etcétera (fig. 57).

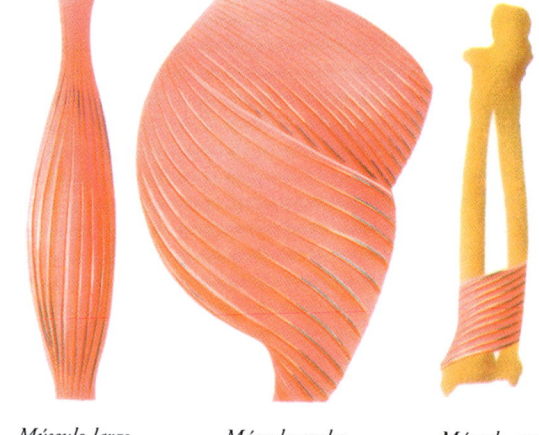

Tipos de músculos según su forma.

En la pared anterior del tórax y del abdomen predominan los músculos anchos y de poco espesor.

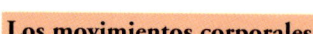
Músculo largo   Músculo ancho   Músculo corto

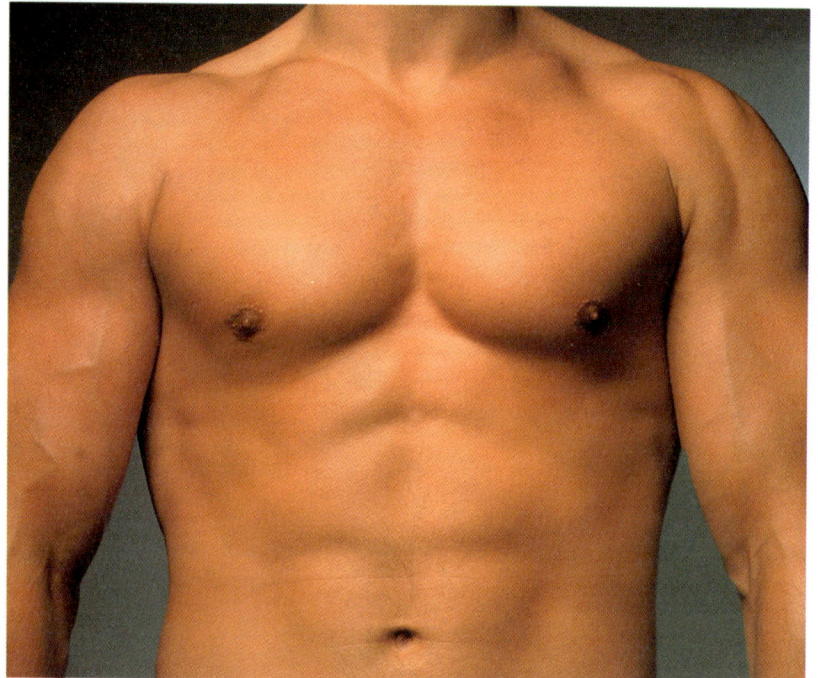

Los movimientos corporales

Todos los movimientos corporales son el resultado de las contracciones musculares aplicadas sobre un complejo sistema de palancas formado por los huesos y las articulaciones. Comentaremos aquí los tres tipos posibles de palancas, con ejemplos que faciliten su comprensión (fig. 58).

Palanca de 1.er género

El punto de apoyo se halla entre la potencia y la resistencia. Por ejemplo, el peso de la cabeza (R) es contrarrestado por la acción de la musculatura de la nuca (P), tomando la columna vertebral como punto de apoyo (A).

Palanca de 2.º género

La resistencia se halla entre la potencia y el punto de apoyo. Por

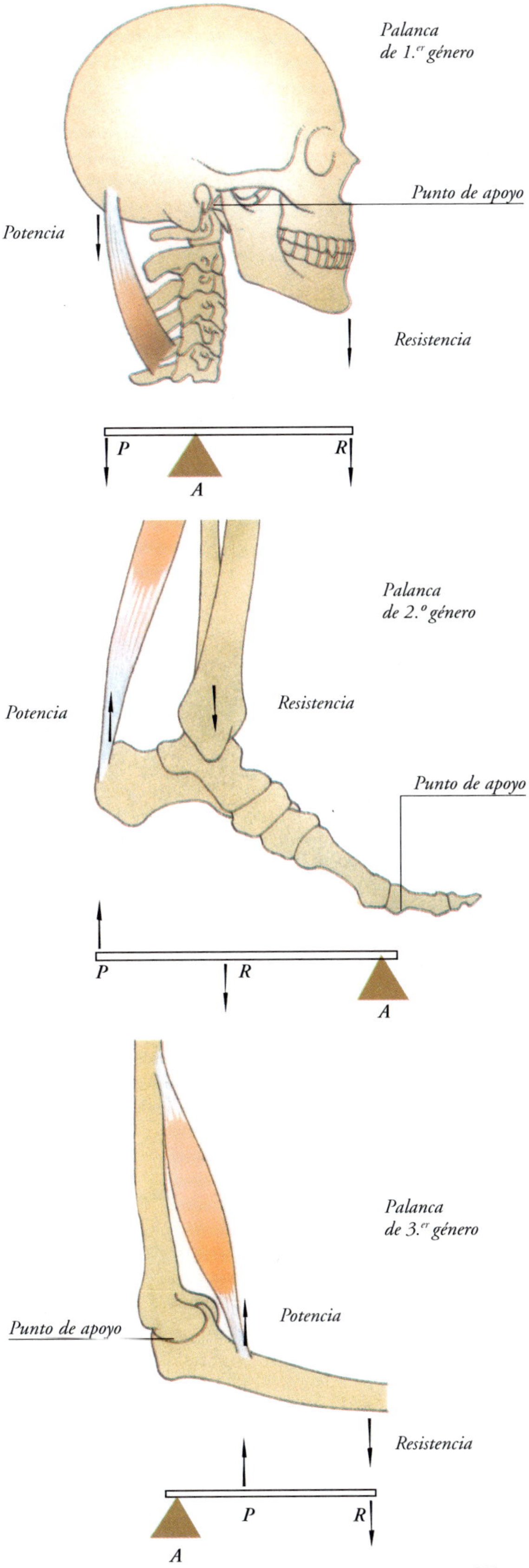

Anatomía

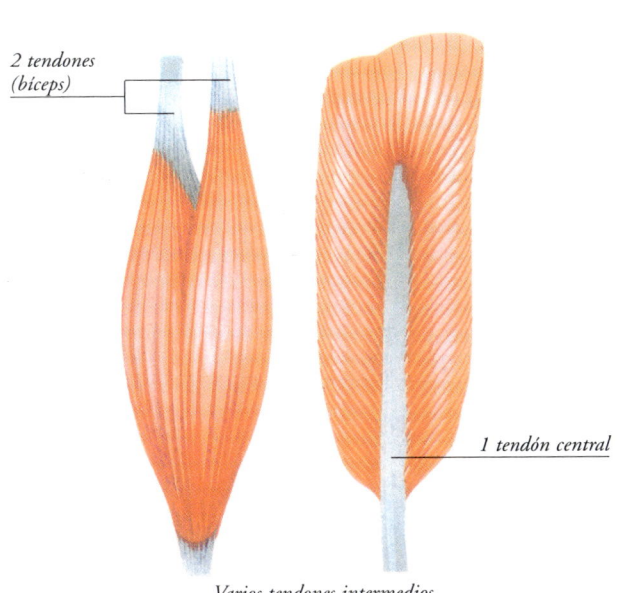

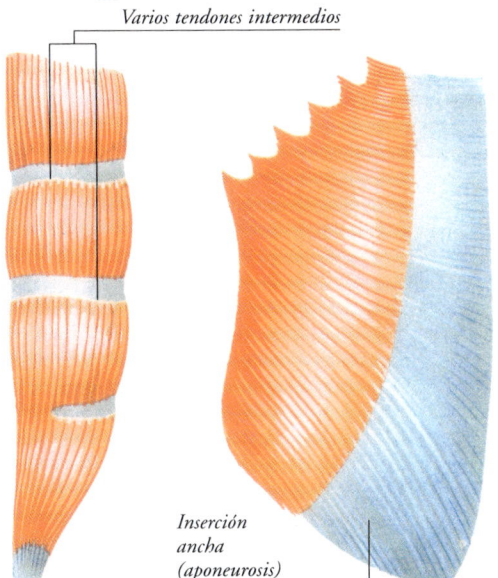

ejemplo, el pie (A) se apoya en el suelo; el peso del cuerpo (R) se aplica a través de los huesos de la pierna; y la contracción de los músculos gemelos (P) hace que el cuerpo se levante.

Palanca de 3.er género

La potencia se halla entre la resistencia y el punto de apoyo. Por ejemplo, los huesos del antebrazo se apoyan en la articulación del codo (A); el músculo bíceps (P) se contrae y vence el peso del antebrazo (R).

57
Tipos de inserción de los músculos en los tendones.

58
Tipos de palancas formadas por los huesos y las articulaciones.

37

Aparato locomotor

Músculos de la cabeza y del cuello

La descripción del sistema muscular no pretende ser exhaustiva; recordemos que en nuestro cuerpo hay un gran número de músculos, y un estudio detallado de cada uno de ellos sobrepasaría con mucho las dimensiones de esta obra.

En la especie humana cobra una gran importancia el poder reflejar el estado de ánimo interno por medio de una serie de muecas o gestos de las diversas zonas de la cara. Este hecho tiene la finalidad de que las personas que nos rodean puedan saber en cada momento cuál es nuestro estado de ánimo.

Estos movimientos mímicos pueden llegar a ser muy complejos. Por este motivo se explica la gran abundancia de músculos en nuestra zona facial, especialmente en comparación

59
Músculos de la cabeza.

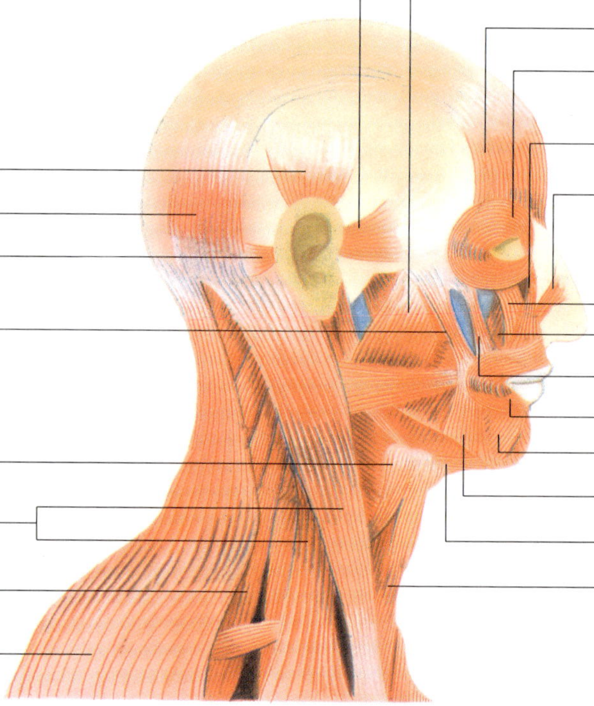

Auricular anterior — *Masetero* — *Frontal* — *Orbicular de los párpados* — *Elevador del ala de la nariz y del labio superior* — *Transversal de la nariz* — *Auricular superior* — *Occipital* — *Auricular posterior* — *Elevador propio del labio superior* — *Canino* — *Cigomático mayor* — *Cigomático menor* — *Orbicular de los labios* — *Cuadrado de la barba* — *Omohioideo* — *Triangular de los labios* — *Esternocleidomastoideo* — *Digástrico* — *Serrato* — *Esternocleidohioideo* — *Trapecio*

Comentaremos, así pues, los más importantes, según las diversas zonas musculares.

Músculos de la cabeza

Prescindiremos aquí de los músculos de la masticación, que serán comentados más adelante como órganos anexos al aparato digestivo.

La mayoría de los músculos del cráneo y de la cara son del tipo cutáneo. Es decir, se insertan directamente en la piel. Son músculos planos, delgados y de escasa potencia (fig. 59).

En la especie humana y en algunos primates, los músculos de la cara permiten realizar gran cantidad de gestos que reflejan y permiten comunicar los estados de ánimo.

con otras especies animales en las que no existen dichos movimientos.

Músculos del cuello

La cabeza es una parte del cuerpo que debe efectuar movimientos en todas las direcciones del espacio. Los encargados de estos movimientos son los músculos del cuello (fig. 61). Se unen por una parte al tronco y por otra a las diferentes zonas de la cabeza. Los músculos de la nuca tienen una unidad de funcionamiento con los músculos posteriores del tronco.

Los músculos del cuello se dividen en tres grupos:

Músculos laterales
Son gruesos y potentes.

Músculos hioideos
Son los músculos de la parte anterior del cuello, que se insertan en el hueso hioides y le imprimen sus movimientos.

Músculos prevertebrales
Se hallan delante de la columna vertebral y producen la flexión de la cabeza. La mayoría de ellos tiene varias porciones que se insertan en múltiples zonas de las vértebras o de las primeras costillas.

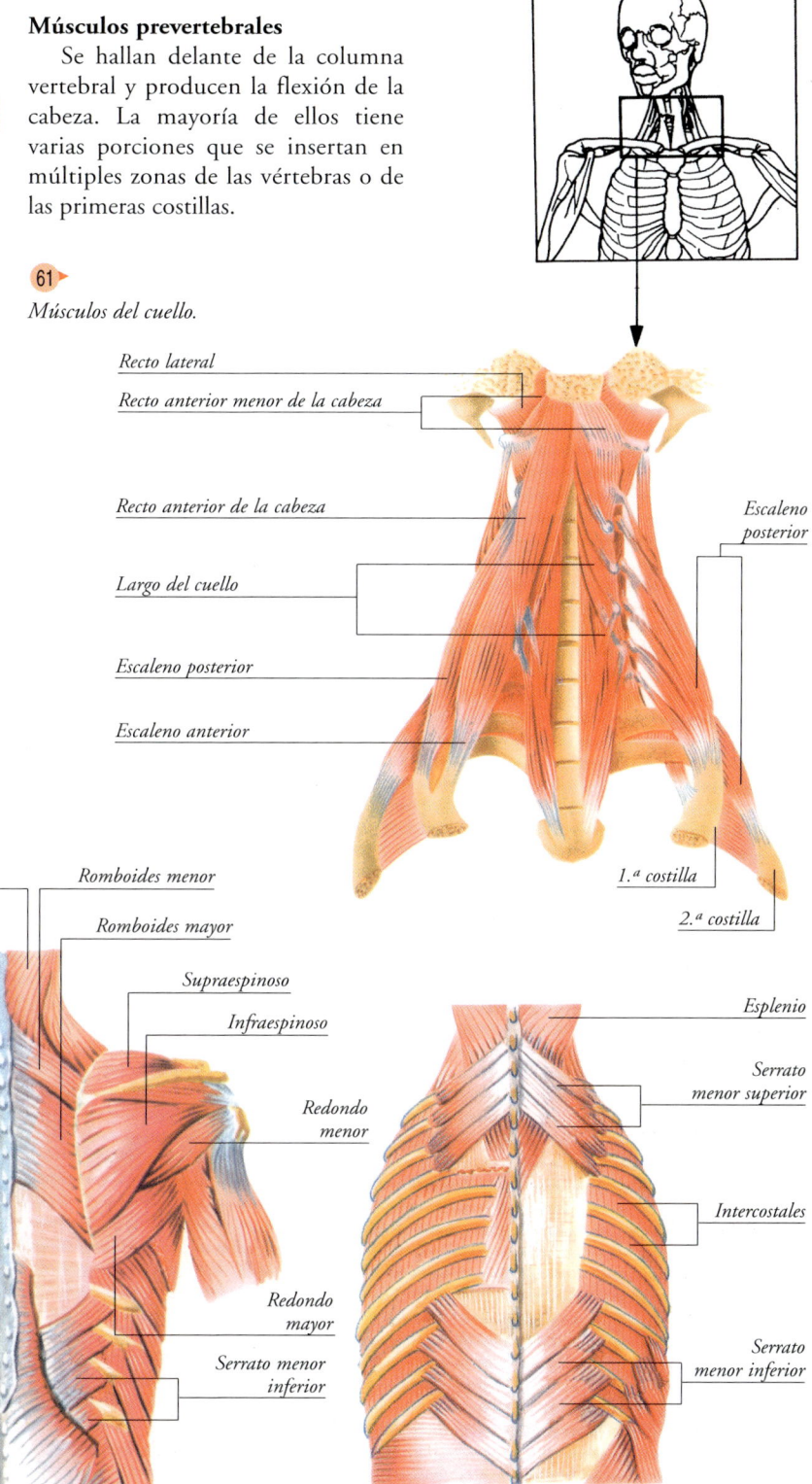

61 *Músculos del cuello.*

62 *Músculos posteriores del tronco.*

Plano superficial — Plano medio — Plano profundo

Aparato locomotor

Músculos del tronco

Músculos posteriores del tronco

La misión de la musculatura del tronco es mantener erguidas la columna y la cabeza y contribuir a la movilización de los hombros. Sus principales músculos son (fig. 62):

Músculo trapecio

Efectúa la elevación del hombro desplazando la escápula hacia la columna vertebral.

Músculo dorsal ancho

Tracciona hacia abajo el brazo cuando éste se halla elevado.

Músculos romboides

Llevan la escápula hacia la columna.

Músculos de los canales vertebrales

Están situados a nivel profundo, junto a la columna. Actúan de un modo conjunto y producen la extensión de la misma. Su contracción continuada nos permite mantener el cuerpo plenamente recto, sin que se produzca una incurvación hacia delante por la acción del peso de las vísceras.

Músculos del tórax

Los músculos de esta zona desempeñan múltiples funciones:
— actúan a modo de almohadillas, protegiendo de traumatismos la caja torácica.
— tienen una importante función respiratoria, que efectúan tirando de las costillas hacia arriba, con lo que aumentan el volumen torácico.
— algunos tienen también una acción movilizadora de las extremidades superiores. Los principales son los siguientes (fig. 63):

Músculo pectoral mayor

Es el más superficial de la cara anterior del tórax. Es muy ancho, de forma triangular, y ocupa una gran superficie. Su parte ancha, la base del triángulo, se une a la clavícula, el esternón y las costillas. Desde esta zona se va estrechando paulatinamente y acaba en un tendón bastante grueso que se inserta en la cara anterior del húmero. Sus acciones son dos:
— descenso del húmero;
— rotación de este mismo hueso hacia dentro.

Músculo pectoral menor

Se halla situado en un plano más profundo que el anterior. Su extremo externo tiene varios fascículos que se insertan en las primeras costillas. Desde aquí sus fibras se dirigen hacia arriba, uniéndose entre sí hasta formar un tendón conjunto que se dirige hacia la

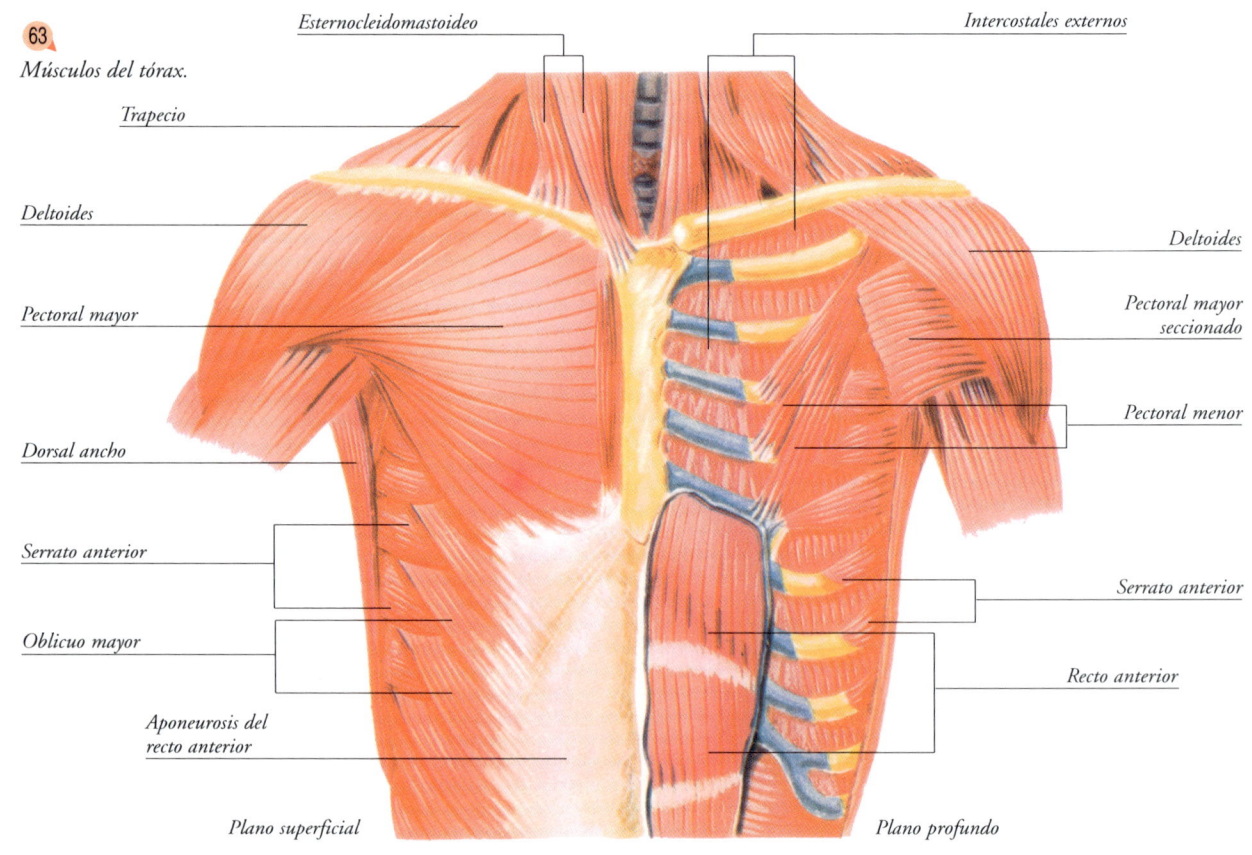

63 Músculos del tórax.

Anatomía

escápula, a la que se une fuertemente. Sus acciones son, principalmente, de dos tipos:

— respiratoria, tirando de las costillas hacia arriba cuando la escápula está fija;

— de descenso de la escápula, cuando la estructura fija son las costillas.

Músculo serrato mayor

Une las nueve primeras costillas con la escápula. Por medio del mismo mecanismo del músculo pectoral menor, desempeña principalmente dos acciones:

— respiratoria;

— de movimiento anterior de la escápula.

Músculos intercostales

Son tres bandas musculares aplanadas que se denominan músculos intercostales externo, medio e interno. Van de cada una de las costillas a sus contiguas, a lo largo de todo el espacio intercostal.

Músculos del abdomen

Los músculos que forman la pared abdominal son cuatro. Tres de ellos son del tipo ancho, mientras que el cuarto es un músculo largo y que dispone de varias interposiciones tendinosas transversales a lo largo de su recorrido (fig. 64).

Los músculos anchos

Son: *oblicuo mayor, oblicuo menor* y *transverso*. Se disponen en tres planos sucesivos, de fuera hacia dentro, en el orden mencionado. Todos ellos, cuando se contraen, provocan una constricción abdominal, y contribuyen de esta manera a la respiración como músculos espiratorios. También actúan produciendo la flexión y la rotación de la pelvis. Por su acción, tienen una especial importancia en aquellos momentos en que se necesita un notable aumento de la presión intraabdominal, como, por ejemplo, en el parto o durante el acto de la defecación.

Músculo recto anterior

Se trata de un músculo largo fragmentado por la presencia de varios segmentos tendinosos. Recorre la parte anterior del abdomen, insertándose por su extremo superior en el esternón y las costillas, mientras que por su extremo inferior lo hace en el pubis (hueso coxal). Su acción principal es la flexión de la pelvis sobre el tronco, o a la inversa. También es considerado un músculo respiratorio, pues puede contribuir a la espiración.

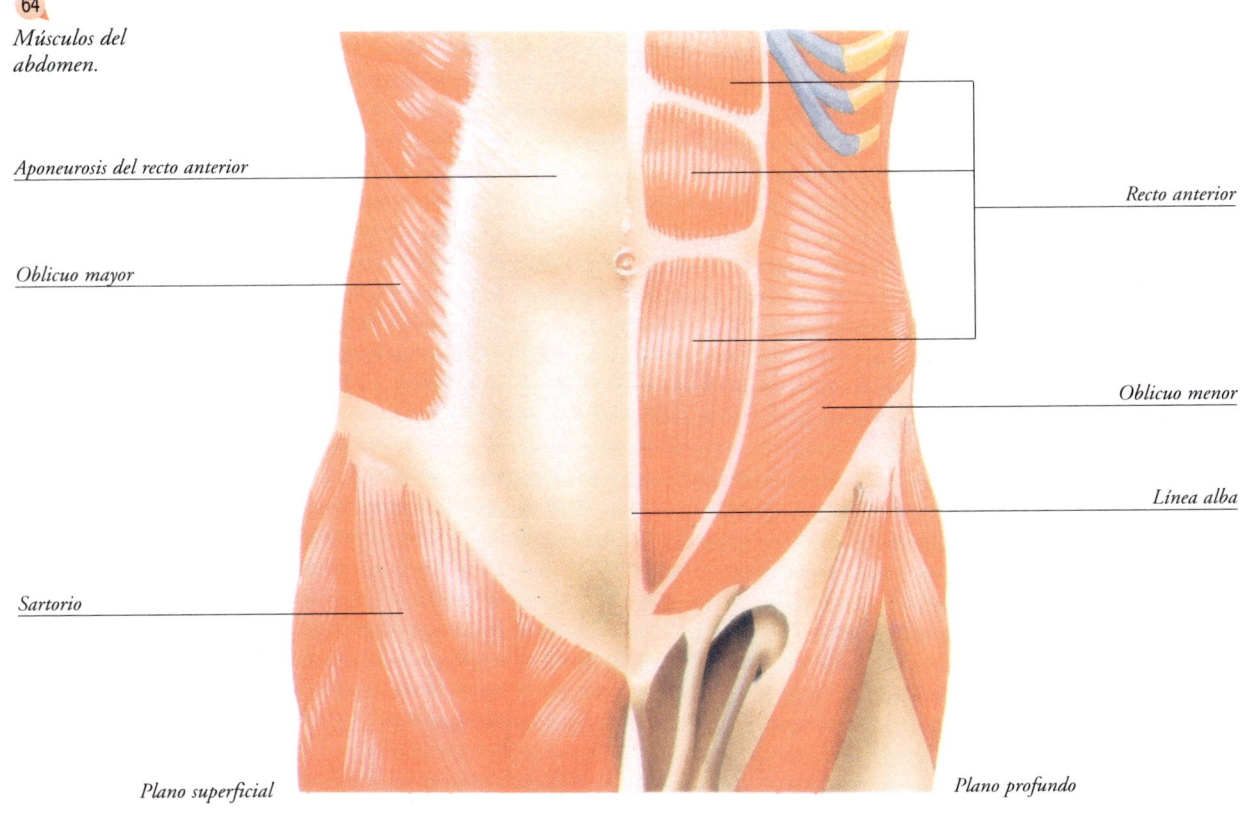

64
Músculos del abdomen.

Aponeurosis del recto anterior

Oblicuo mayor

Sartorio

Recto anterior

Oblicuo menor

Línea alba

Plano superficial

Plano profundo

Aparato locomotor

Músculos de las extremidades superiores

La extremidad superior tiene un complejo entramado de músculos y de tendones (figs. 65 y 66). En los casos extremos de la muñeca o de la mano, el estudio anatómico llega a ser dificultoso a causa de esta complejidad.

Músculos del hombro

Músculo deltoides

El más superficial. Es aplanado y abraza todos los demás músculos de la zona. Tiene forma triangular convexa: la base ancha se inserta en la clavícula y en la escápula. Se forma un tendón del músculo que se inserta en la cara externa del húmero. La función del deltoides es elevar lateralmente el brazo.

Músculo supraespinoso

Sus inserciones son, por un lado, en la escápula y por el otro, en el húmero. Su función es similar a la del deltoides, pero tiene más importancia para iniciar el movimiento de separación del brazo.

Músculo infraespinoso

Se inserta en la escápula y en el húmero (igual que el supraespinoso). Su función es posibilitar la rotación del brazo hacia el exterior.

Músculos redondos (mayor y menor)

El músculo redondo menor tiene la misma función que el infraespinoso. El redondo mayor lleva el brazo hacia dentro y atrás.

Músculo subescapular

Se inserta en la cara anterior de la escápula. Su tendón terminal se inserta en el troquín del húmero. Su contracción determina la aproximación del brazo hacia el cuerpo y la rotación hacia dentro. Este músculo está situado entre la parrilla costal posterior y la escápula, formando como una almohada.

Músculos del brazo

En el brazo hay cuatro músculos importantes, tres anteriores y uno posterior.

Músculo coracobraquial

Su parte superior se inserta en la apófisis coracoides de la escápula y la inferior, en la cara interna del húmero. Según cuál sea la posición del brazo, puede llevarlo hacia delante o hacia atrás.

Músculo braquial anterior

Es un músculo aplanado, ancho y grueso, que se inserta en la cara anterior del húmero y en la apófisis coronoides del cúbito. Permite la flexión del antebrazo sobre el cuerpo.

Músculo bíceps

Es un músculo alargado. Su parte superior está dividida en dos porcio-

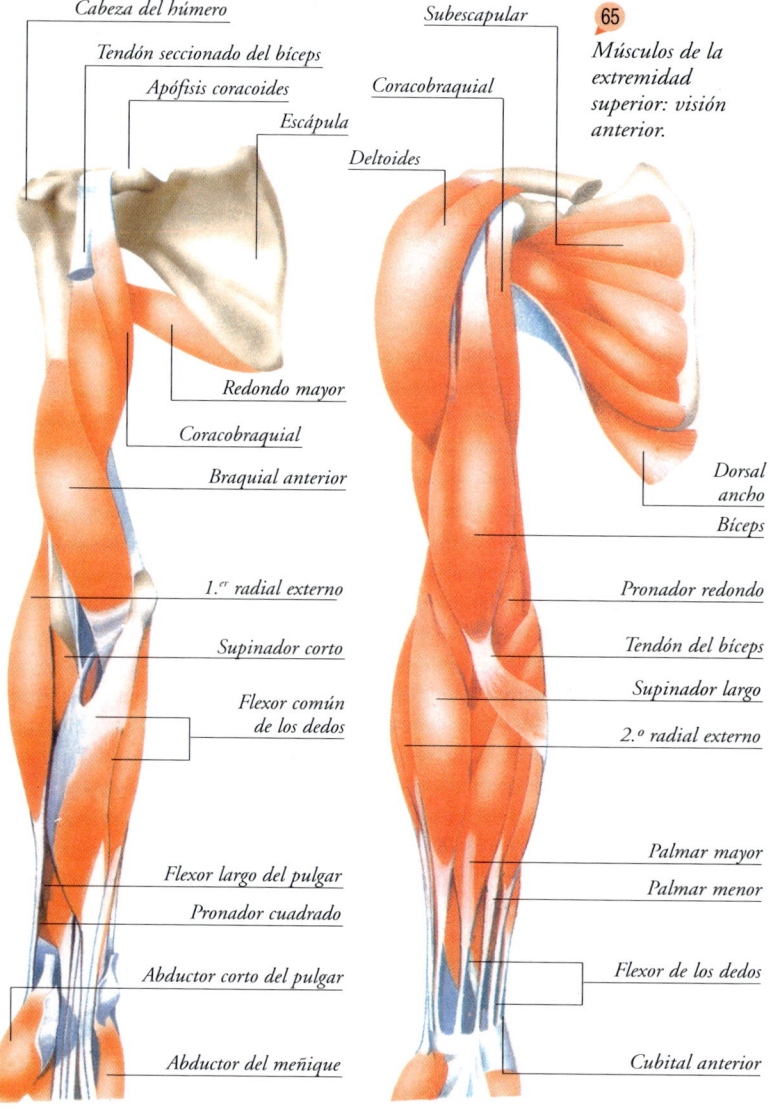

65 Músculos de la extremidad superior: visión anterior.

Plano profundo: Cabeza del húmero, Tendón seccionado del bíceps, Apófisis coracoides, Escápula, Redondo mayor, Coracobraquial, Braquial anterior, 1.er radial externo, Supinador corto, Flexor común de los dedos, Flexor largo del pulgar, Pronador cuadrado, Abductor corto del pulgar, Abductor del meñique

Plano superficial: Subescapular, Coracobraquial, Deltoides, Dorsal ancho, Bíceps, Pronador redondo, Tendón del bíceps, Supinador largo, 2.º radial externo, Palmar mayor, Palmar menor, Flexor de los dedos, Cubital anterior

nes diferentes que se insertan ambas en la escápula. El extremo inferior, en forma de un resistente tendón, se inserta en una protuberancia del radio. Su acción consiste en la flexión del antebrazo (lo mismo que el músculo braquial anterior).

Músculo tríceps

Consta de tres porciones, una larga que se inserta en la escápula y dos cortas que lo hacen en el húmero. Su tendón terminal se inserta en la cara posterior del olécranon del cúbito. Su función permite extender el antebrazo sobre el brazo (al contrario que el bíceps y el braquial anterior).

Músculos del antebrazo y la mano

Los músculos del antebrazo y la mano, junto con los tendones, permiten a los dedos realizar movimientos muy especializados. Describirlos detalladamente sobrepasaría los límites y la finalidad de esta obra. De un modo muy general, diremos que todos los músculos situados en la cara anterior del antebrazo tienen función flexora de los dedos y de la mano. Por el contrario, los situados en la cara posterior del antebrazo son extensores de la mano y de los dedos.

Músculos de la extremidad superior: visión posterior.

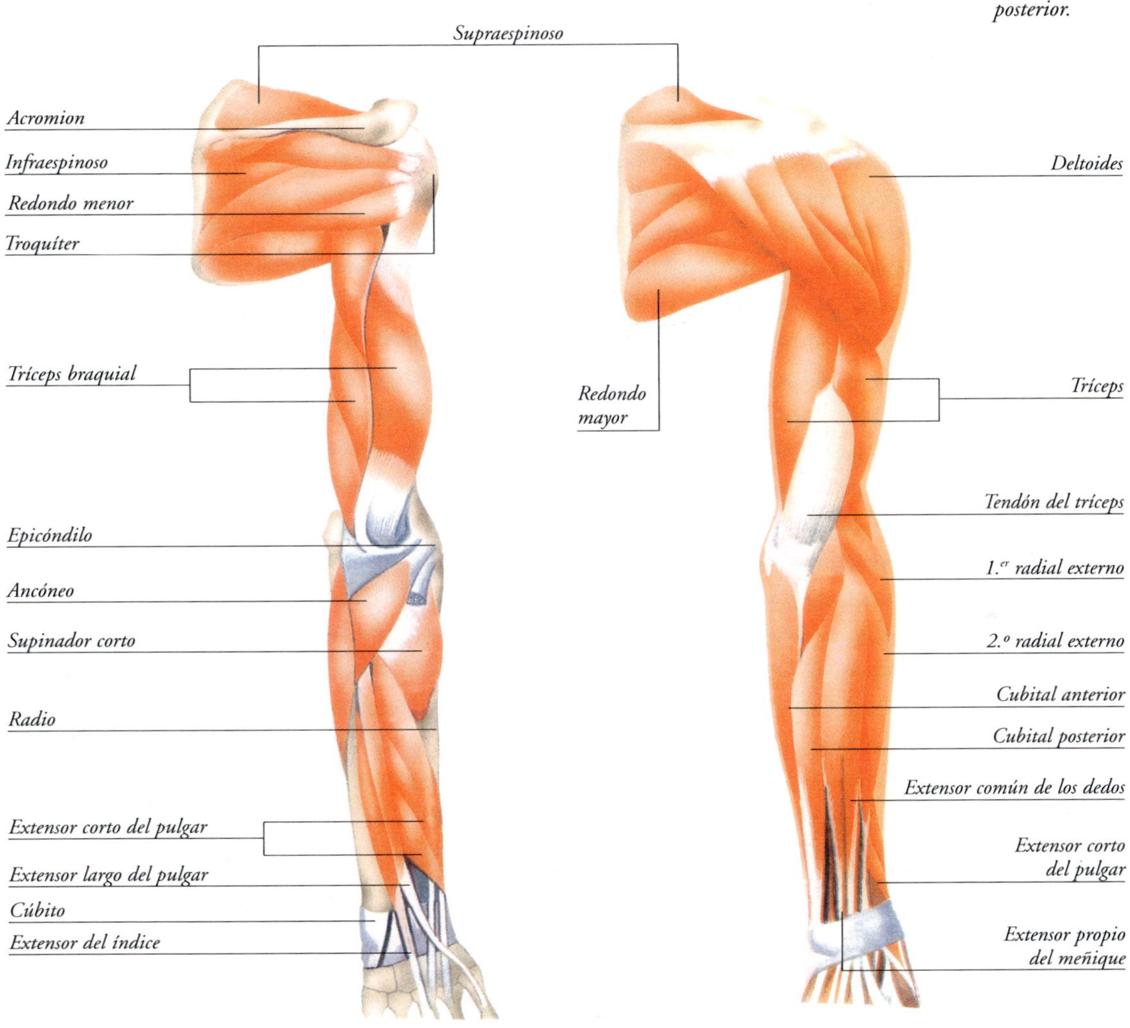

Plano profundo

Plano superficial

Aparato locomotor

Músculos de la pelvis y de las extremidades inferiores

La musculatura de esta zona es la encargada de:
— mantener el cuerpo erguido sobre las extremidades inferiores;
— permitir efectuar los movimientos de desplazamiento (musculatura de la marcha).

Son músculos potentes y resistentes. Los hemos dividido en cuatro zonas musculares:
— región lumboilíaca;
— región pélvica;
— músculos del muslo;
— músculos de la pierna.

Músculos de la región lumboilíaca

Son dos (fig. 67):

Músculo cuadrado lumbar

Se inserta en la cresta ilíaca, en la última costilla y en las apófisis transversas de las vértebras lumbares. Al contraerse unilateralmente, inclina el tronco hacia el mismo lado y bascula la pelvis. Al contraerse ambos lados y tirar hacia abajo de la última costilla, contribuye a que se efectúe la espiración forzada (músculo espirador).

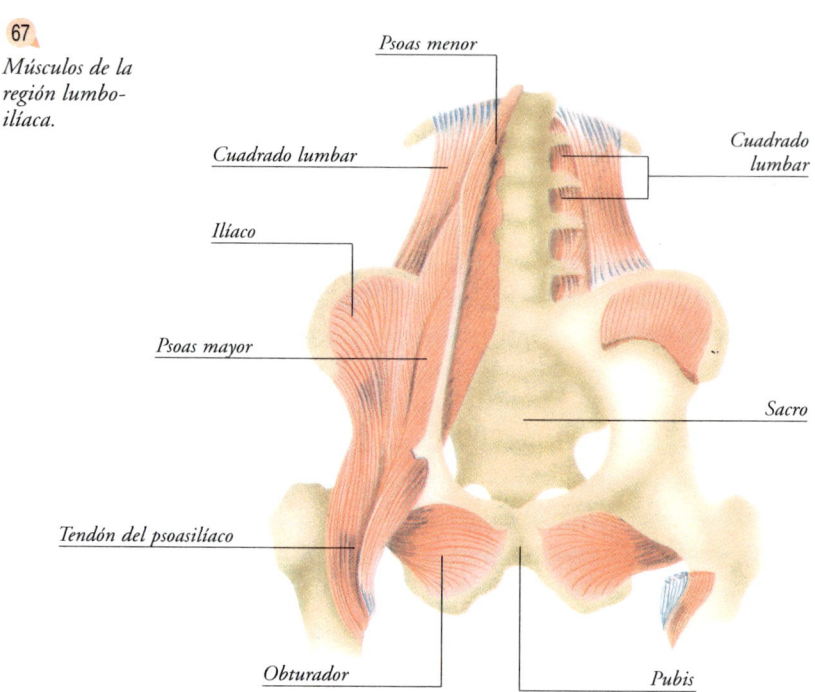

67 Músculos de la región lumboilíaca.

Músculo psoasilíaco

Está formado por dos porciones (músculo psoas y músculo ilíaco). Su parte inferior termina en un tendón conjunto que se inserta en el fémur. En su parte superior, el psoas se inserta en las vértebras lumbares, mientras el músculo ilíaco lo hace en la porción ilíaca de los huesos coxales. Tiene la función de mantener la correcta estática de la pelvis. Acerca el fémur hacia la línea media y lo hace girar hacia fuera;

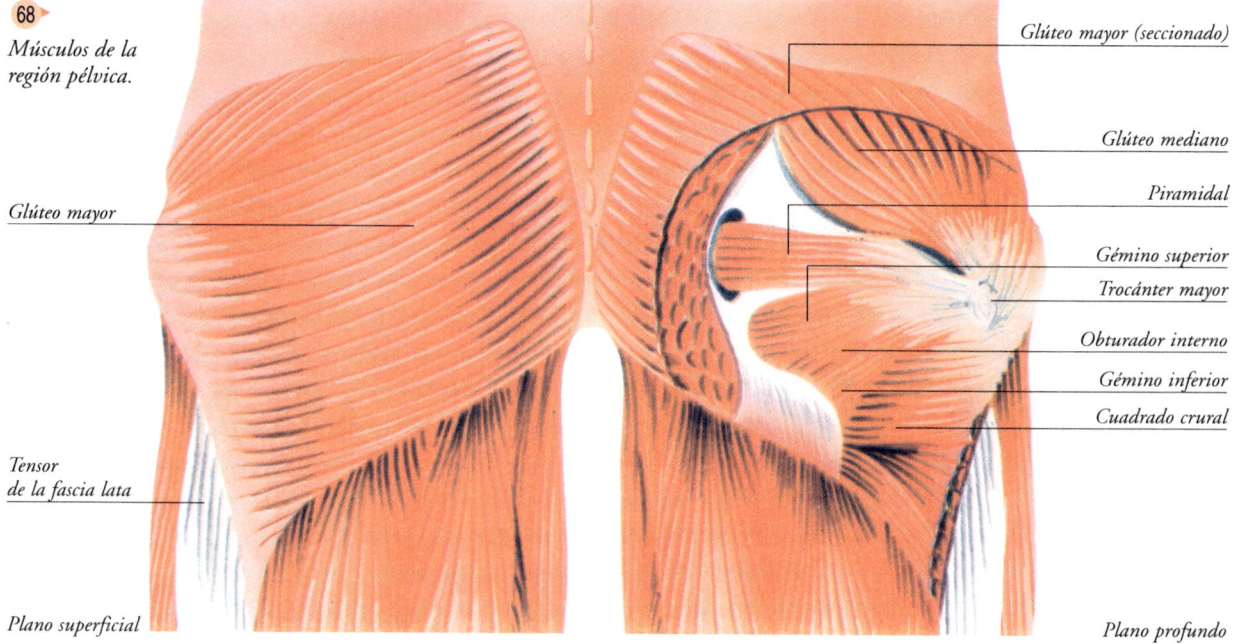

68 Músculos de la región pélvica.

al contraerse bilateralmente produce una flexión de la columna sobre la pelvis, o viceversa.

Músculos de la región pélvica

Músculos glúteos

Son tres: mayor, mediano y menor (fig. 68). Forman la masa muscular de la región glútea. Por su parte superior se insertan en el hueso coxal y en el sacro. Sus tendones inferiores se insertan en la cara posterior del fémur y en su trocánter mayor. Estos músculos son importantes para mantener la estática del cuerpo.

Otros músculos (piramidal, géminos, obturadores y cuadrado crural)

Todos ellos tienen una función parecida: conseguir el giro del fémur hacia afuera. Por su parte ancha se insertan en la pelvis ósea. Sus tendones se insertan en el trocánter mayor.

Músculos del muslo

Músculo cuádriceps crural

Está formado por cuatro porciones (recto anterior, vasto interno, vasto externo y crural) que se insertan en el fémur y en el coxal. Por su parte inferior se unen entre sí para formar el tendón rotuliano (en cuyo espesor está la rótula), que se inserta en la epífisis superior de la tibia. Es un músculo potente. Se encarga de la extensión de la pierna (fig. 69).

Músculos aductores

Su parte superior se inserta en la pelvis, y la inferior, en el fémur. Son los músculos de la aducción del muslo (llevarlo hacia la línea media). Están en la cara interna del muslo.

Músculos dorsales del muslo (semimembranoso, semitendinoso y bíceps crural)

Sus extremos superiores se insertan en el isquion y en el fémur, y los extremos inferiores, en la epífisis superior y la cara posterior de la tibia y el peroné. Su acción consiste en flexionar la pierna sobre el muslo. Se encuentran situados en la cara posterior del muslo.

Músculos de la pierna

Músculos anteriores

Los dos más importantes son:
— *tibial anterior*, que produce la elevación del pie hacia arriba (flexión dorsal);
— *extensores de los dedos*, que extienden los dedos del pie.

Músculos posteriores

Los más importantes de esta zona son los músculos gemelos (también denominados *gastrocnemios*), que forman el *tríceps sural* junto con el *músculo sóleo*. Los gemelos, en su extremo superior, se insertan en la epífisis inferior del fémur, y el sóleo lo hace en la cara posterior de la tibia y del peroné. El tendón inferior es común a los tres, y se inserta en el hueso calcáneo (es el *tendón de Aquiles*). La potencia de estos músculos es notable, puesto que se encargan de la extensión del pie, levantando todo el peso corporal en cada paso de la marcha.

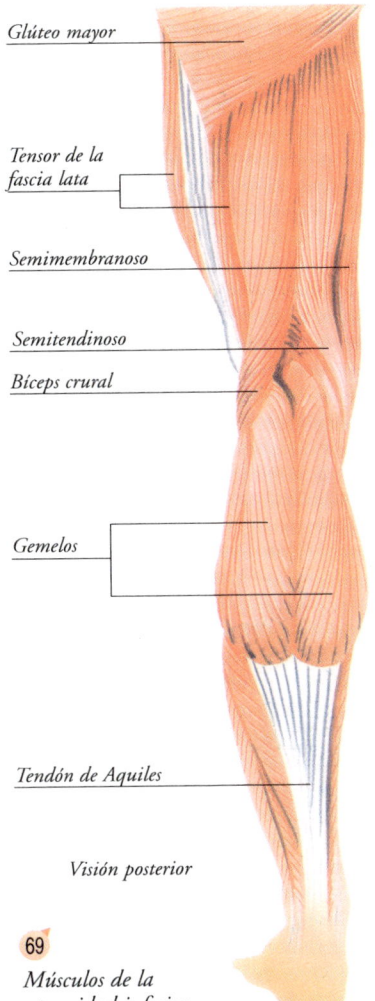
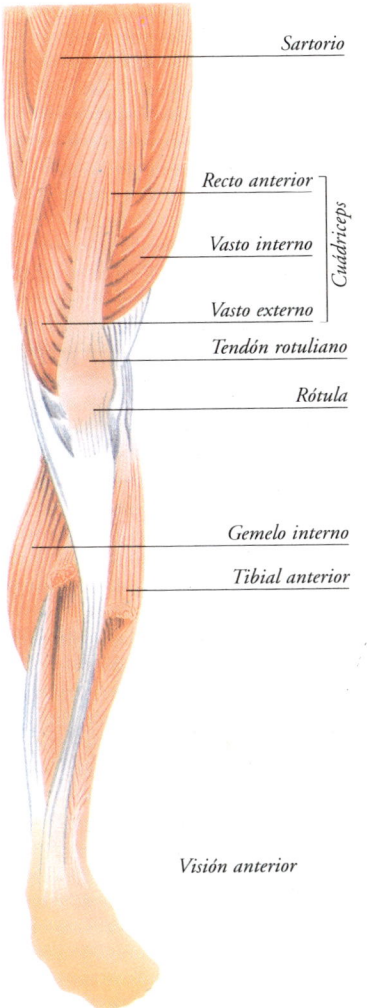

69 *Músculos de la extremidad inferior.*

Aparato digestivo

Boca, faringe y esófago

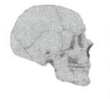 El aparato digestivo está formado por un conjunto de órganos, muy diferentes entre sí, cuya finalidad común es aportar al organismo aquellos elementos que le son indispensables para el mantenimiento de la vida. Estos órganos realizan con los alimentos las cinco funciones siguientes:

Trituración. Se efectúa en la boca.

Transporte. Se inicia en la boca y finaliza en el recto.

Digestión. Comienza en la boca y sigue en el estómago y en el intestino. Consiste en un tratamiento químico de los alimentos que los deja en condiciones de ser absorbidos.

Eliminación. Los restos del alimento que no pueden ser aprovechados por el organismo son expulsados al exterior en forma de heces, a través del recto y el ano.

De forma esquemática, podemos decir que el aparato digestivo está compuesto por un gran tubo que se inicia en la boca y termina en el ano, y por unos órganos adyacentes que se conocen con el nombre de glándulas anexas (glándulas salivales, hígado, páncreas, etcétera), que fabrican unas secreciones (saliva, bilis, jugo pancreá-

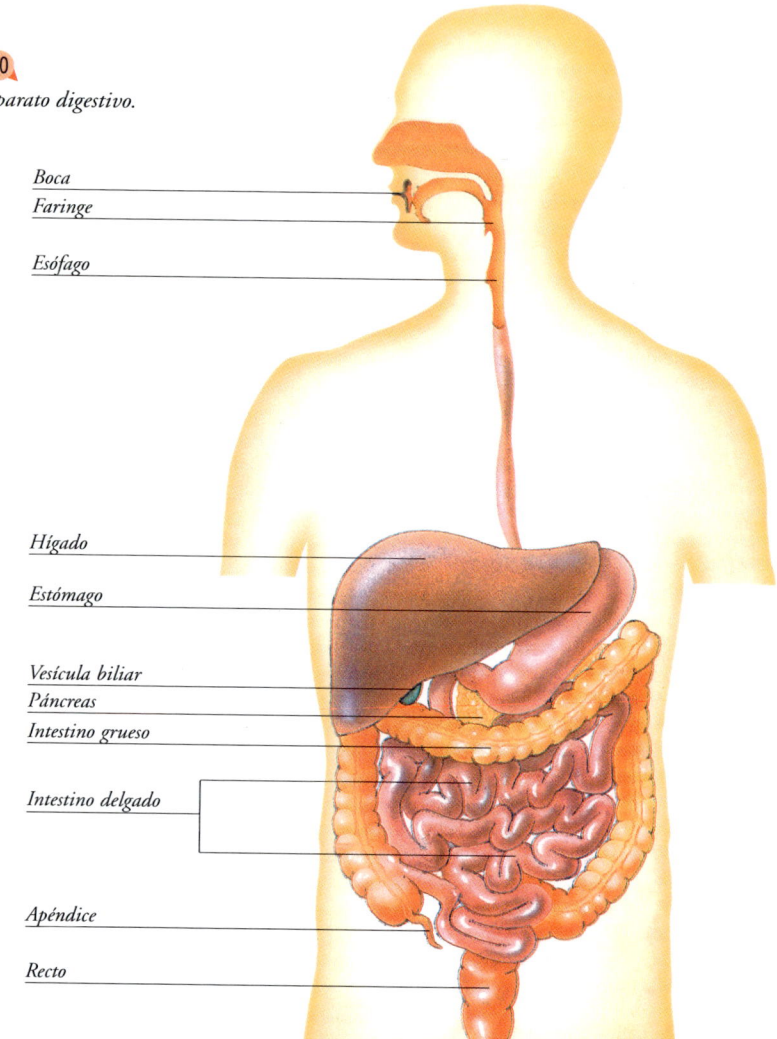

Aparato digestivo.

Cavidad bucal.

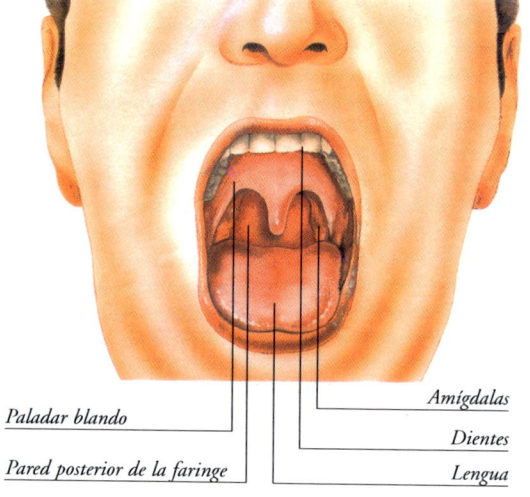

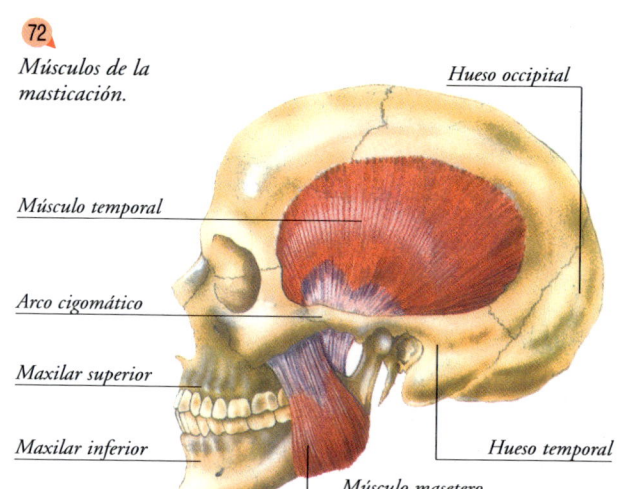

Músculos de la masticación.

tico...) que desembocan en el tubo digestivo. Exceptuando la boca y el esófago, el conjunto del aparato digestivo se halla situado en el interior de la cavidad abdominal. El estómago y el intestino (delgado y grueso) son órganos huecos por los que circulan los alimentos y donde se producirá la digestión y la absorción; son las estructuras de mayor importancia de este aparato. Además de estas vísceras huecas, hay otras que son macizas (el hígado, el páncreas) y llevan a cabo la misión de facilitar diversos procesos de la digestión (fig. 70).

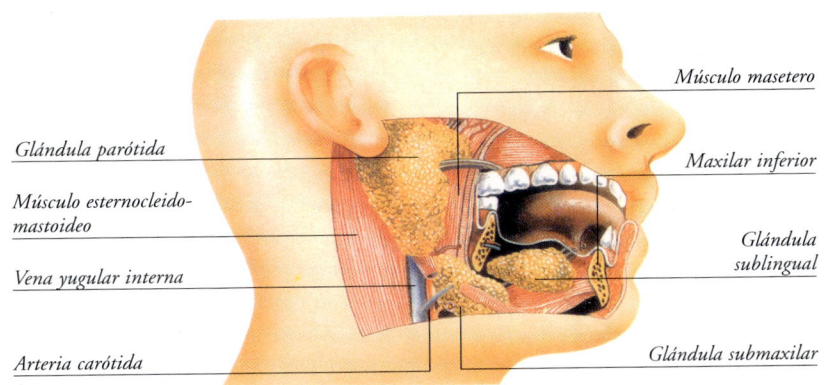

La boca

Las primeras acciones propias de la digestión se efectúan en la boca (fig. 71).

Los alimentos son triturados mediante los dientes. El movimiento de las mandíbulas durante la masticación se realiza gracias a la acción de unos potentes músculos, el temporal y el masetero, a los cuales se da la denominación de *músculos masticadores* (fig. 72).

Al llegar los alimentos a la boca, la producción de saliva aumenta mucho. La saliva es segregada por las glándulas salivales, que son seis, tres a cada lado. Reciben los nombres de *parótidas*, *sublinguales* y *submaxilares* (fig. 73). La saliva ayuda a que se mezclen bien los alimentos y, también, a iniciar los procesos de digestión gracias a la acción de los fermentos que contiene. De esta forma, el alimento ingerido se transforma en bolo alimenticio.

La faringe

La faringe es el siguiente elemento del aparato digestivo. Es un órgano hueco.

Su parte media se comunica con el fondo de la cavidad bucal (fig. 74). En su parte superior, llamada rinofaringe, desembocan las fosas nasales. Su parte inferior comunica con la laringe, que es el órgano inicial del árbol respiratorio, y también con el esófago, que es la continuación del tubo digestivo.

Glándulas salivales.

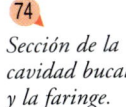
Sección de la cavidad bucal y la faringe.

El esófago

El esófago es un órgano en forma de tubo que pone en comunicación la faringe y el estómago. Está situado en el interior del cuello y del tórax.

Su principal misión es el transporte de los alimentos hasta el estómago. Tiene movimientos propios que, ayudados por la fuerza de gravedad, hacen progresar por su interior el bolo alimenticio.

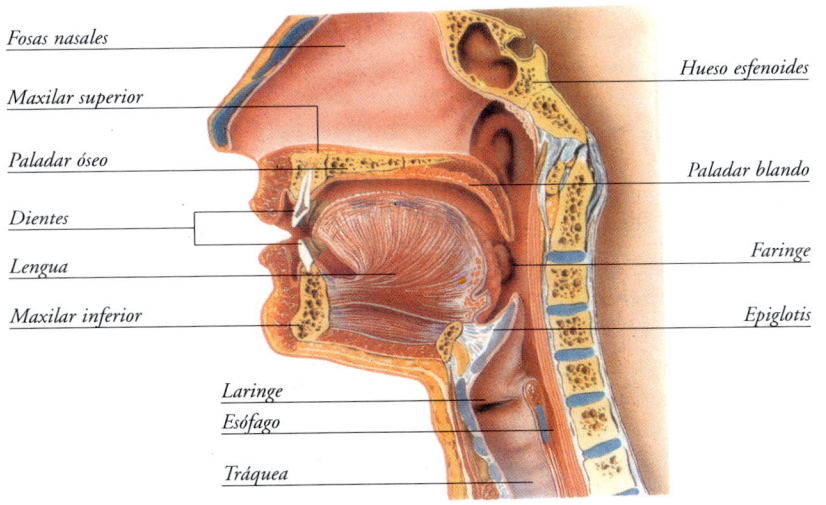

Aparato digestivo

Estómago e intestino

El estómago

El estómago se halla situado en el abdomen, en el lado izquierdo de su parte alta. Tiene forma de bolsa con dos aberturas, una en cada extremo. La superior se llama *cardias*, comunica con el esófago y siempre está abierta; la inferior recibe la denominación de *píloro* y, cuando se abre, permite el paso del alimento hacia el intestino delgado (fig. 75).

esta capa se hallan las glándulas de secreción del llamado jugo gástrico, que tiene una importante función al facilitar la digestión de los alimentos gracias a su acidez y a que contiene fermentos.

El intestino delgado

El intestino delgado es una estructura de forma tubular. Se trata de un órgano muy largo: en el individuo adulto llega a medir entre 6 y 7 m de longitud. Se inicia a la salida del estómago, en el píloro, y finaliza en la llamada *válvula ileocecal*, en el intestino grueso. Está formado por tres partes: duodeno, yeyuno e íleon. El *duodeno* constituye los primeros 20-25 cm del intestino delgado, y se prolonga desde el píloro hasta la flexura duodenoyeyunal o ángulo de Treitz. Tiene forma curvada para poder albergar, en el interior de dicha curvatura, la cabeza

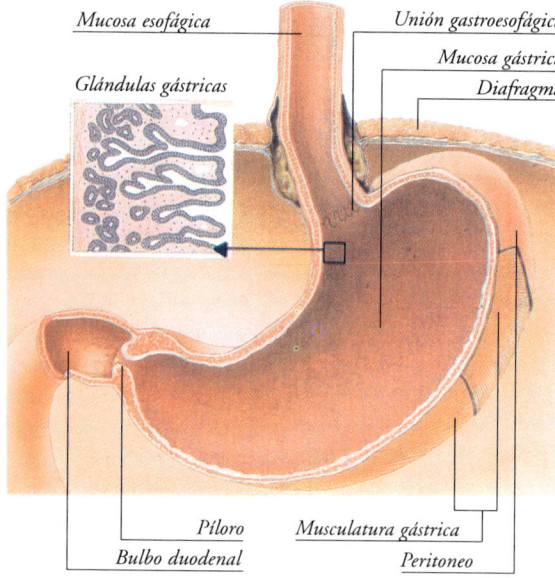

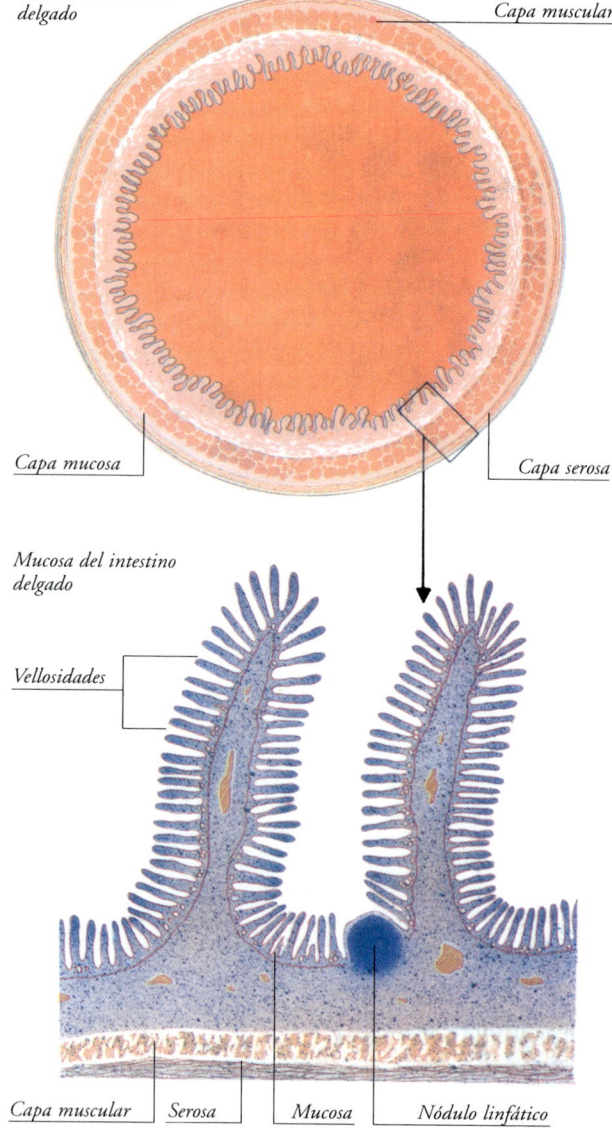

La pared del estómago, al igual que los restantes órganos del tubo digestivo, está formada por tres capas principales (fig. 76):

La capa externa o *peritoneo,* que es de aspecto liso y brillante.

La capa intermedia o *muscular.* Permite efectuar unos movimientos propios, llamados peristálticos, que son imprescindibles para que los alimentos avancen por su interior. Estos movimientos existen también en el resto del aparato digestivo.

La capa interna o *mucosa,* que tapiza interiormente la cavidad gástrica. Su aspecto no es liso: presenta multitud de pliegues que hacen que su superficie sea mucho mayor. En

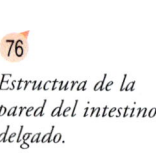

75
Anatomía del estómago.

76
Estructura de la pared del intestino delgado.

Anatomía

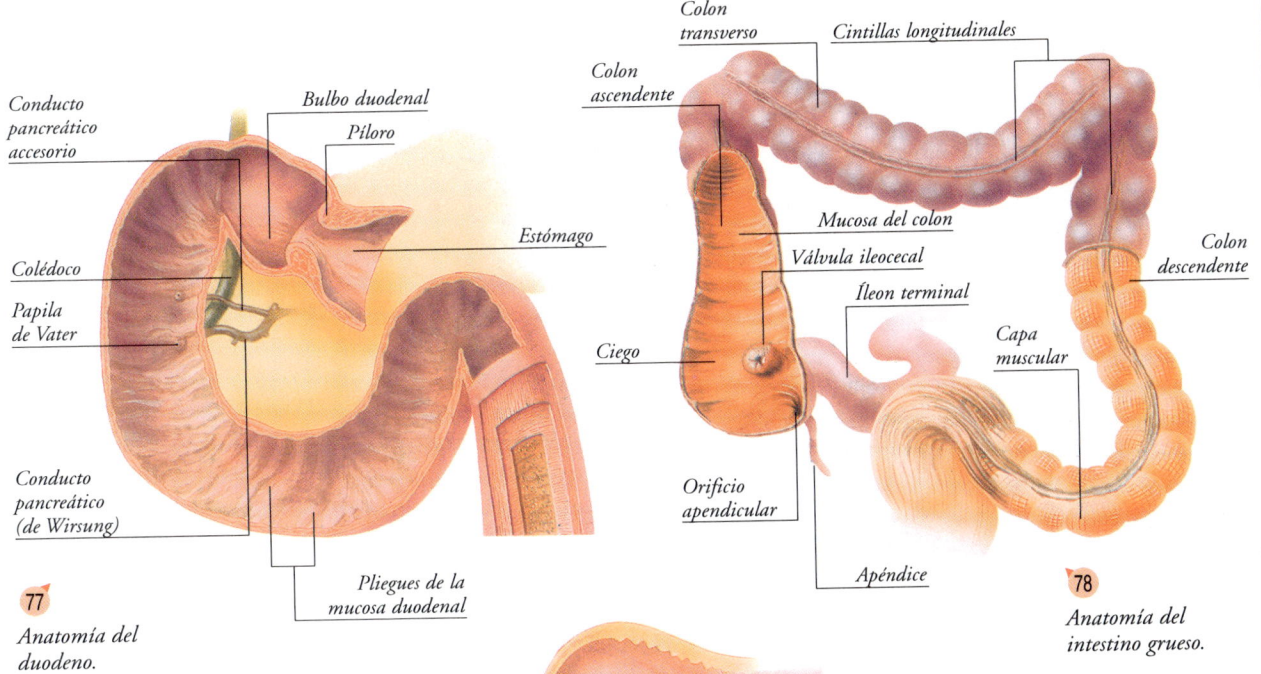

77 Anatomía del duodeno.

78 Anatomía del intestino grueso.

79 Sección del recto y el ano.

del páncreas. En la cara interior del duodeno, y en su porción vertical, se observa la presencia de una pequeña formación llamada *papila de Vater*. En ella desembocan conjuntamente el colédoco y el conducto pancreático. El colédoco vierte en este punto la bilis formada por el hígado, y el conducto pancreático, el jugo elaborado por el páncreas (fig. 77). El *yeyuno* y el *íleon* tienen una longitud de unos 6 m y una estructura parecida, formada por las mismas capas que el resto del tubo digestivo: mucosa, muscular y serosa.

El intestino grueso

El intestino grueso forma la parte final del tubo digestivo. También se le conoce con el nombre de *colon*. Sus diferencias principales con el intestino delgado son:

— su diámetro es mucho mayor (de 7 a 10 cm);

— su longitud es mucho menor (aproximadamente 1,5 m).

La superficie exterior no es lisa, sino que presenta abultamientos (fig. 78). Del mismo modo que la función principal del intestino delgado es absorber los alimentos, la del colon es hacer lo propio con parte del agua que circula por su interior.

El intestino grueso o colon se divide en cuatro partes:

El *ciego*, que es la primera porción y tiene forma de saco. En él desemboca el intestino delgado. Del ciego nace una estructura en forma de tubo estrecho, cerrado por su punta, que se denomina *apéndice*. Tiene un aspecto parecido al de un gusano y una longitud variable según las personas (desde unos pocos milímetros a unos cuantos centímetros). En el ser humano no desempeña ninguna misión específica.

El *colon ascendente*, que se dirige hacia la zona del hígado.

El *colon transverso*, que atraviesa la cavidad abdominal de derecha a izquierda del cuerpo.

El *colon descendente*, que se dirige hacia el fondo de la pelvis.

El recto

El recto es la porción final del tubo digestivo. Se halla unido al *ano*, que es la zona de expulsión al exterior de los residuos de la alimentación. Se divide en dos partes (fig. 79):

Ampolla rectal, que es la zona superior, de diámetro considerable.

Zona esfinteriana, que es el tramo inferior. Su calibre es menor porque aquí se hallan presentes los músculos esfinterianos.

Aparato digestivo

Circulación portal. Otros órganos abdominales

La circulación portal

Toda la sangre que proviene del intestino es recogida en un tronco venoso común denominado *vena porta*, encargada de conducirla hasta el hígado (fig. 80). En esta víscera se llevarán a cabo múltiples transformaciones metabólicas de los productos que contiene esta sangre.

El hígado

El hígado es la víscera de mayor tamaño de nuestro organismo. Su peso aproximado es de 1,5 kg. Es de color rojizo oscuro debido a la gran cantidad de sangre que circula continuamente por su interior. Se halla situado dentro de la cavidad abdominal, en su parte más alta y en el lado derecho. Su estructura es como un laberinto en forma de esponja. Está constituido por multitud de células, llamadas *hepatocitos*, entre las cuales discurre gran cantidad de canales diminutos: los *sinusoides hepáticos*, por donde circula la sangre, y los *canalículos biliares*, por donde lo hace la bilis. Estas formaciones están dispuestas a modo de cilindros celulares, llamados *lobulillos hepáticos*. Cada lobulillo hepático está recorrido longitudinalmente por una vena, la *vena centrolobulillar* (fig. 81).

Las funciones principales del hígado son cuatro:

Función secretora. Elaboración de la bilis y evacuación posterior por las vías biliares.

Función metabólica. El hígado lleva a cabo procesos muy complejos de tipo metabólico a partir de las sustancias que le llegan de los alimentos.

Función desintoxicadora. Conversión de aquellas sustancias perjudiciales para el organismo en otras que resulten inocuas.

Función de depósito. El hígado es capaz de almacenar en su interior vitaminas, minerales y sustancias con capacidad energética, hasta que el organismo necesite disponer de ellos.

Las vías biliares

La bilis se forma en las células del hígado o hepatocitos. Desde ellas es llevada hacia el tubo digestivo por un conjunto de conductos y canalículos que denominamos vías biliares y que están formadas, básicamente, por dos importantes estructuras (fig. 82):

La vesícula biliar

De forma parecida a la de un saco en forma de pera, mide unos 10-12 cm de longitud y en su interior se almacena la bilis. Ésta es vertida al tubo digestivo a través del *conducto cístico*, cuando se producen ciertas contracciones durante la digestión.

El colédoco

Es el conducto que se inicia al unirse los conductos hepáticos y el conducto cístico en la cara inferior del hígado. Después, el colédoco desciende, atraviesa la cabeza del páncreas y desemboca en el duodeno, en la papila de Vater, junto con el conducto pancreático.

El bazo

El bazo es una víscera maciza y en forma de casquete que se halla situada

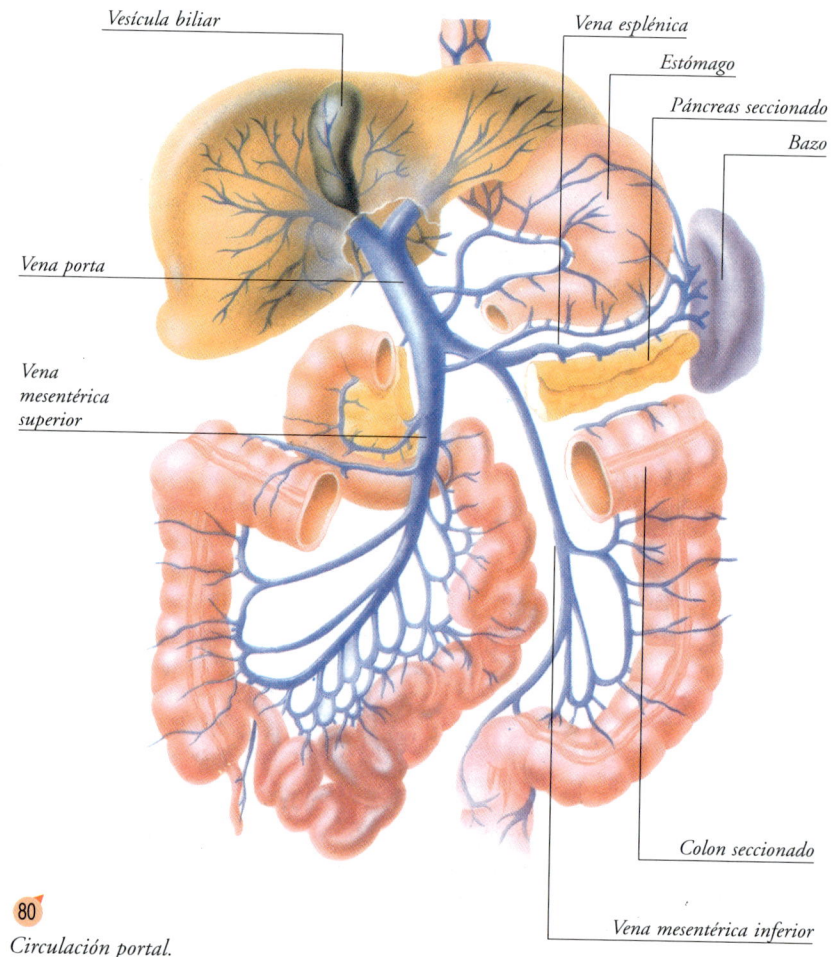

80
Circulación portal.

Anatomía

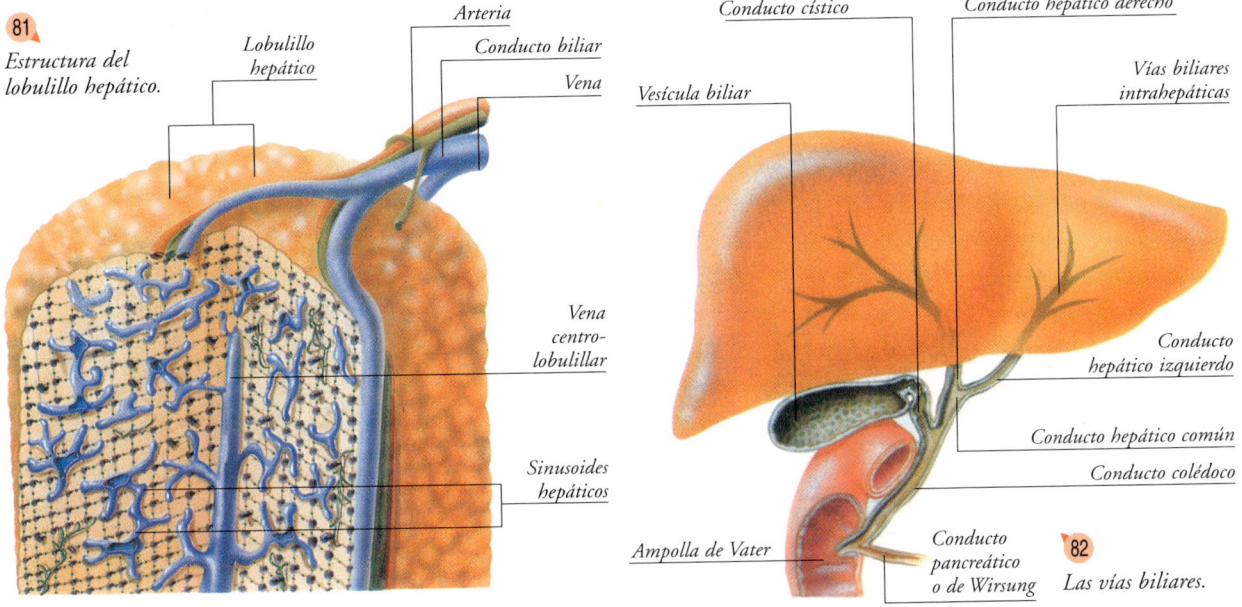

Estructura del lobulillo hepático. (81)

Las vías biliares. (82)

en el interior de la cavidad abdominal y en su parte superior izquierda, justo por debajo del músculo diafragma. Su color es rojo vinoso y tiene una textura parecida a la del hígado, si bien es más blando que éste. Aunque sus funciones no son totalmente conocidas, las más importantes son:

Sanguínea. En él se forman y destruyen diversas células de la sangre, al tiempo que puede actuar como órgano de depósito de dichas células.

Inmunitaria. Su carácter de órgano linfoide (perteneciente al sistema linfático) le confiere un importante papel en el sistema de defensa del organismo.

El páncreas

El páncreas es una glándula alargada, de unos 20 cm de longitud y de unos 100 g de peso. Está situada transversalmente en la parte más posterior de la cavidad abdominal, justo delante de la columna vertebral y de los grandes vasos sanguíneos (arteria aorta y vena cava). Su porción derecha, que es la más gruesa, recibe el nombre de *cabeza*; su extremo izquierdo, que es la parte más estrecha, se denomina *cola*; y la región media se conoce como *cuerpo*.

Por el centro de la glándula discurre, en sentido longitudinal, un conducto, llamado *pancreático* o *de Wirsung* (fig. 83), que es el encargado de recoger las secreciones de la glándula y llevarlas hacia el duodeno, en el cual son vertidas para facilitar la digestión de los alimentos. Desde el punto de vista microscópico, se pueden distinguir en el páncreas dos tipos importantes de estructuras:

Los islotes de Langerhans

Grupo de células que segregan hormonas (insulina, glucagón) y las vierten directamente en el torrente circulatorio.

Los acinos glandulares

Su secreción, formada por fermentos, es vertida en el conducto pancreático, que la conduce al interior del duodeno. Estos fermentos son imprescindibles para la correcta digestión de los hidratos de carbono, las grasas y las proteínas.

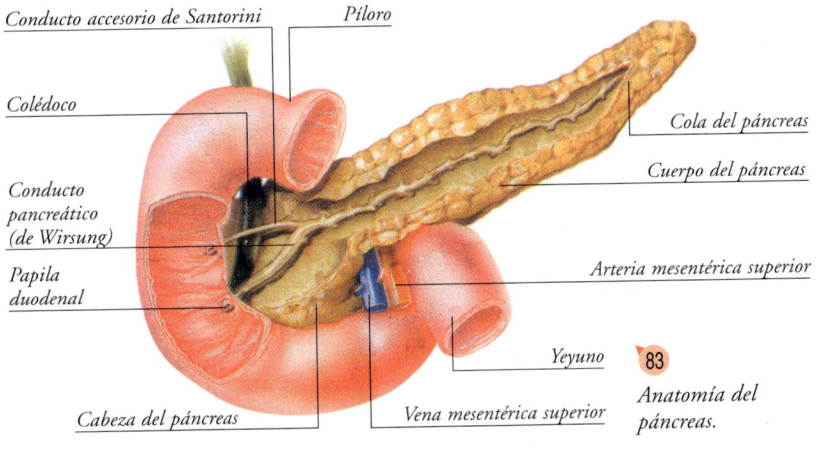

Anatomía del páncreas. (83)

Aparato respiratorio

Vías respiratorias

Las células del organismo, para poder aprovechar las sustancias energéticas a modo de combustible, precisan recibir oxígeno en la cantidad adecuada. El aparato respiratorio es el encargado de tomar el aire atmosférico e introducirlo en los pulmones, y a partir de ellos la sangre captará el oxígeno y lo distribuirá por todo el organismo.

Las fosas nasales

Las fosas nasales son la parte inicial del aparato respiratorio. Son dos cavidades que se hallan en el centro de la cara, separadas entre sí por una lámina ósea, llamada *tabique nasal*. El interior de dichas cavidades se halla totalmente tapizado por un tejido epitelial, del tipo de las mucosas. Sus paredes laterales están formadas por los huesos maxilares superiores. En ellos encontramos unas formaciones óseas salientes llamadas *cornetes* (superior, medio e inferior).

Alrededor de las fosas nasales se hallan una serie de cavidades, situadas en el interior de los huesos que las forman y denominadas *senos paranasales*. A su vez se dividen en: senos maxilares, senos frontales, senos etmoidales y seno esfenoidal. La inflamación de estos senos determina la sinusitis.

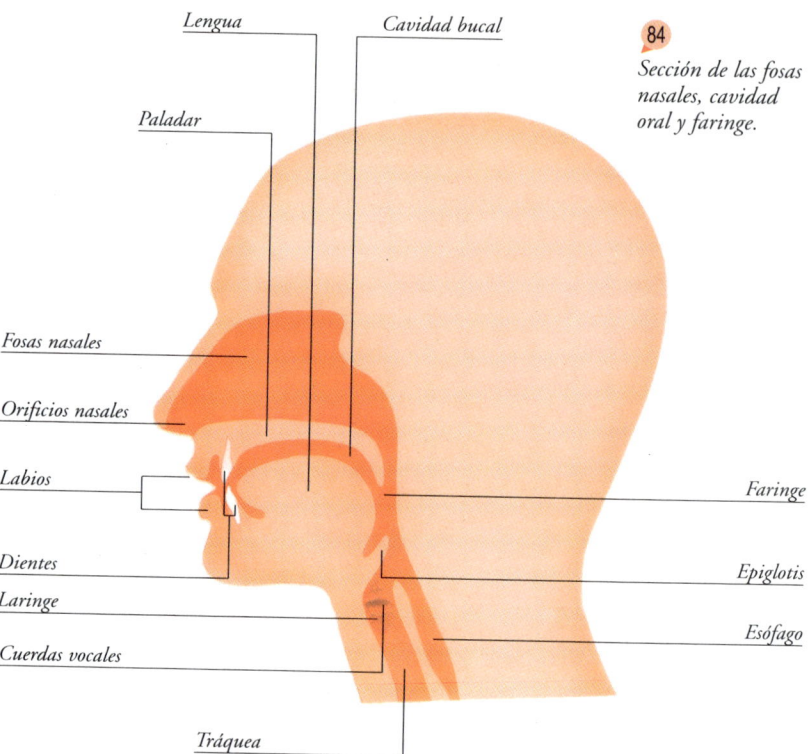

84 *Sección de las fosas nasales, cavidad oral y faringe.*

Las fosas nasales desembocan en la parte superior de la faringe, también llamada rinofaringe (fig. 84).

La laringe

La laringe es un órgano hueco situado en la parte anterior del cuello, por delante del esófago. Está integrada por un armazón de tipo cartilaginoso unido entre sí por músculos y ligamentos (fig. 85).

El extremo superior de la laringe se comunica con la faringe. En este punto se halla un cartílago, la *epiglotis*, que tiene la misión de abrir y cerrar la abertura laríngea con la finalidad de evitar que, durante el acto de la deglución, pueda producirse la entrada de contenido alimentario en las vías respiratorias.

El orificio inferior de la laringe está comunicado directamente con la tráquea.

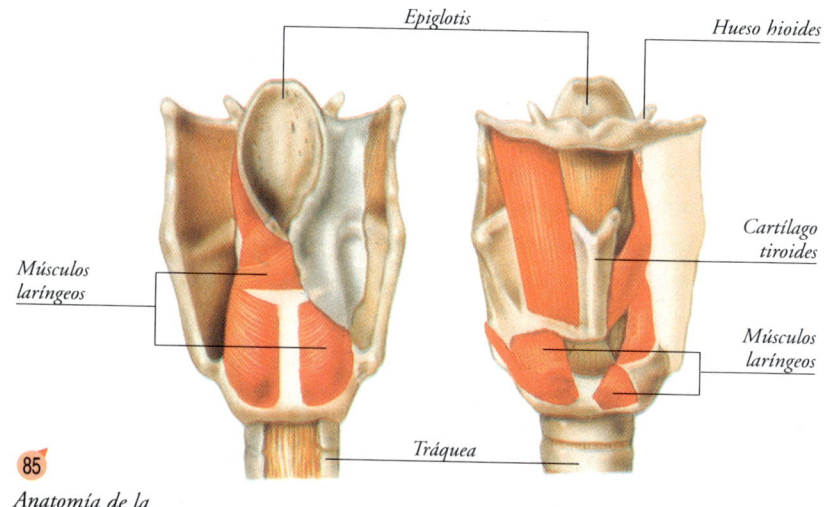

85 *Anatomía de la laringe.*

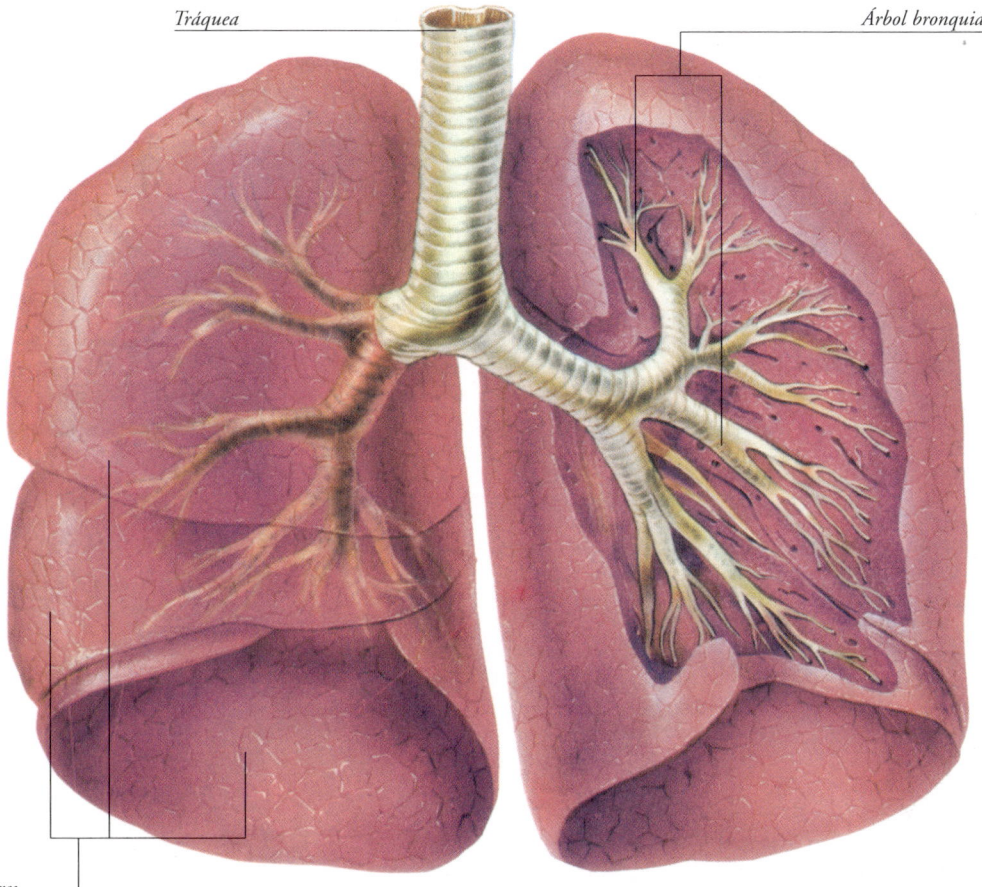

Tráquea y bronquios.

Toda la superficie interna de la laringe está tapizada por una capa de tejido epitelial denominada mucosa.

Los tres elementos que constituyen la laringe son:

Los cartílagos

Son estructuras resistentes que forman el propio esqueleto de la laringe.

Los músculos de la laringe

Unos tienen la capacidad de producir los movimientos laríngeos, muy importantes en el acto de la deglución; otros tienen la misión de movilizar las cuerdas vocales para generar los sonidos propios de la fonación.

Las cuerdas vocales

Son dos formaciones, a manera de repliegues, situadas una a cada lado de las paredes laterales de la laringe. Cuando se produce la articulación de las palabras, ambas cuerdas se juntan entre sí y vibran. El diferente grado de separación que tengan y su mayor o menor tensión al vibrar, determinan los diversos tonos de la fonación.

La tráquea y los bronquios

La tráquea es una estructura en forma de tubo. Supone la continuación de la laringe, puesto que la comunica con los bronquios. Su longitud es de unos 12-15 cm, y su diámetro de unos 12-25 mm. Se halla situada en la parte anterior del cuello y en la zona alta del interior de la caja torácica. La pared de la tráquea está formada por una serie de anillos cartilaginosos unidos entre sí, para formar un tubo de paredes considerablemente resistentes. Los bronquios son la continuación natural de la tráquea. Son una serie de estructuras tubulares que van dividiéndose, en forma de ramificaciones, hasta alcanzar tamaños microscópicos (fig. 86). Se encargan de llevar el aire inspirado a todos los alveolos pulmonares.

La pared interna de la tráquea y de los bronquios está recubierta por una capa mucosa provista de células que forman abundante moco.

Las tres misiones fundamentales de la tráquea y los bronquios son:

Transportar el aire inspirado hacia los pulmones.

Calentar y humedecer el aire transportado.

Depurar el aire transportado de los cuerpos extraños que pueda arrastrar.

Aparato respiratorio

Los pulmones. La respiración

Los pulmones

Los pulmones son dos órganos situados en el interior de la caja torácica y constituyen los elementos básicos del aparato respiratorio. Su forma se parece a la de dos conos irregulares de unos 22-25 cm de altura. Su cara interna está en contacto con el mediastino, espacio situado entre ambos pulmones; en él se hallan la tráquea, el esófago, el corazón y los grandes vasos sanguíneos (fig. 87). La superficie externa de los pulmones tiene un aspecto liso y brillante debido a que se encuentra recubierta por una capa, muy fina, llamada *pleura*. El pulmón derecho es más grande que el izquierdo, y está constituido por tres porciones denominadas *lóbulos*: superior, medio e inferior.

El pulmón izquierdo, más pequeño, tiene solamente dos lóbulos, el superior y el inferior. El tejido interior de los pulmones es esponjoso, formado por una enorme cantidad de pequeñas estructuras como globos, los *alveolos pulmonares*. Los alveolos están en comunicación con los bronquios y la tráquea, y tienen la capacidad de hincharse de aire y de deshincharse luego en cada movimiento respiratorio (fig. 88).

La pleura

La pleura es una membrana serosa, fina y lisa, que recubre al mismo tiempo la superficie externa de los pulmones y la superficie interna de toda la cavidad torácica. La parte de dicha membrana que reviste los pulmones se denomina *pleura visceral*. La parte que tapiza la pared torácica se llama *pleura parietal*.

Ambas pleuras se hallan en íntimo contacto, pero no están adheridas, puesto que existe un espacio entre ellas denominado *cavidad pleural*.

La respiración pulmonar

En la respiración pulmonar se distinguen dos fases: la inspiración y la espiración.

La *inspiración* se realiza cuando la caja torácica se ensancha, dilatación que permite que el aire penetre en el

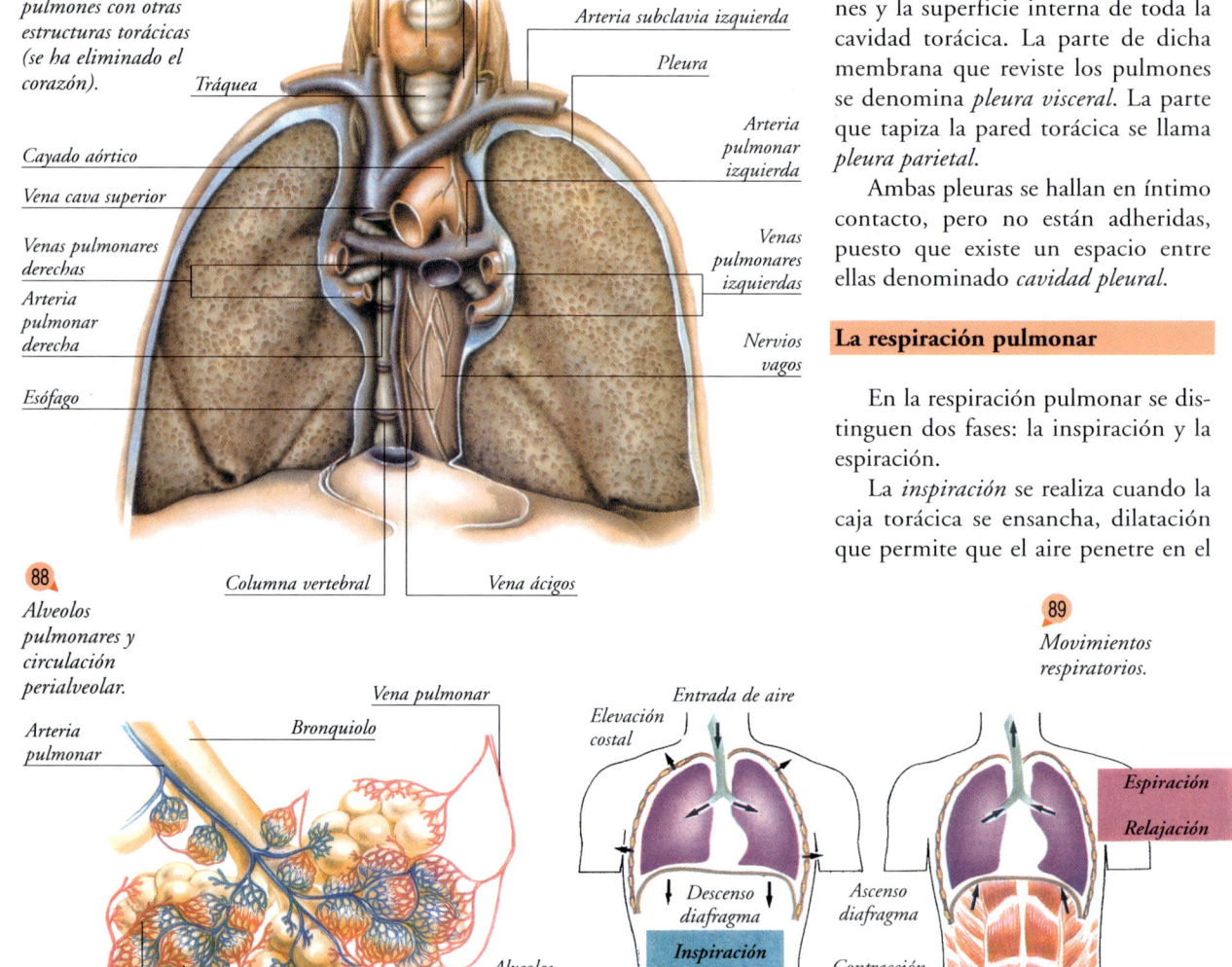

87 *Relación de los pulmones con otras estructuras torácicas (se ha eliminado el corazón).*

88 *Alveolos pulmonares y circulación perialveolar.*

89 *Movimientos respiratorios.*

Anatomía

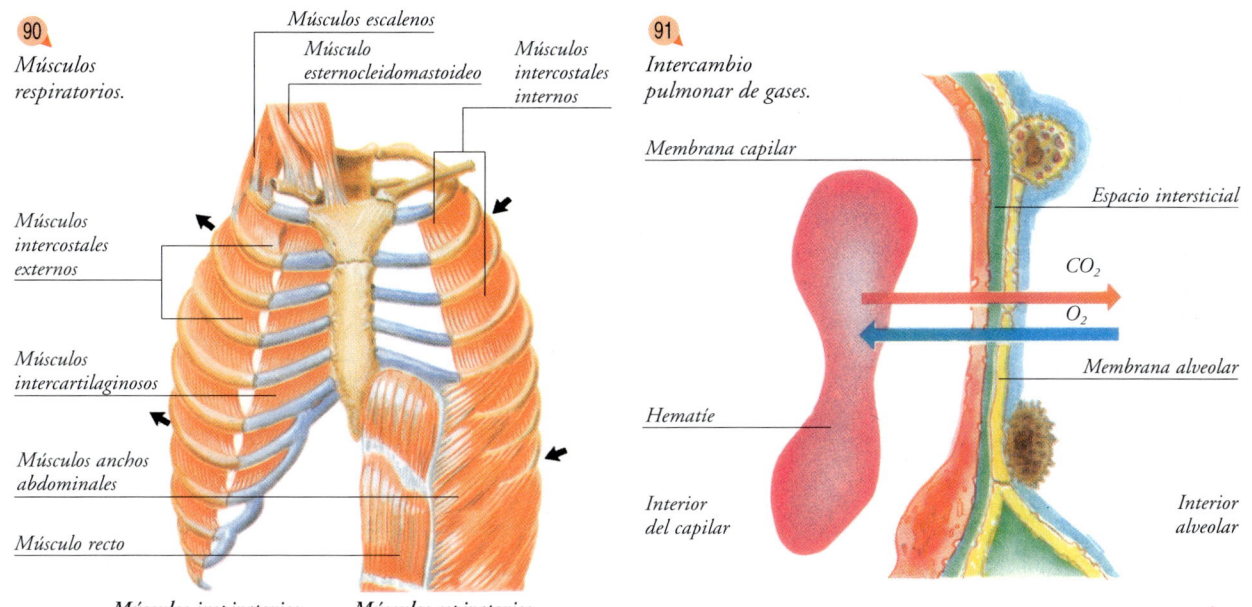

90 Músculos respiratorios.

Músculos escalenos
Músculo esternocleidomastoideo
Músculos intercostales internos
Músculos intercostales externos
Músculos intercartilaginosos
Músculos anchos abdominales
Músculo recto

Músculos inspiratorios   Músculos espiratorios

91 Intercambio pulmonar de gases.

Membrana capilar
Espacio intersticial
CO_2
O_2
Membrana alveolar
Hematíe
Interior del capilar
Interior alveolar

interior de las vías respiratorias y llegue hasta los pulmones.

La *espiración*, que es la fase inversa, se produce cuando la caja torácica se comprime, con lo cual el aire es expulsado de los pulmones hacia el exterior del organismo, a través de las vías respiratorias (fig. 89).

En consecuencia, todos los músculos que tienden a elevar las costillas se consideran inspiratorios, y los que tienden a hacerlas descender, espiratorios (fig. 90).

El diafragma es un músculo inspiratorio ya que, al contraerse, desciende, y con ello aumenta la capacidad del tórax.

El aire inspirado, después de circular por las vías respiratorias, entra en los alveolos pulmonares y los hincha en mayor o menor grado. El oxígeno del alveolo atraviesa la membrana alveolar y la membrana capilar, entra en el interior de los glóbulos rojos de la sangre y se fija en la hemoglobina de éstos. Por su parte el CO_2 sigue el camino inverso, desde el interior del glóbulo rojo hasta el interior del alveolo, para ser expulsado de éste mediante la espiración (fig. 91).

La respiración celular

El proceso más importante de la respiración del organismo no es, precisamente, el que se lleva a cabo dentro de los pulmones, sino el intercambio de gases que se realiza en todas las células del cuerpo.

El corazón reparte la sangre cargada de oxígeno (sangre arterial) por la red vascular. Cuando el glóbulo rojo o hematíe llega al interior del capilar, se produce el paso de oxígeno al interior de la célula. A su vez, el CO_2 del interior de la célula debe seguir el camino inverso (fig. 92). La sangre cargada con CO_2 (sangre venosa) es de color algo más oscuro; es la sangre que se dirigirá de nuevo hacia los pulmones para ceder el CO_2 y enriquecerse de oxígeno, y así volver a iniciar el ciclo.

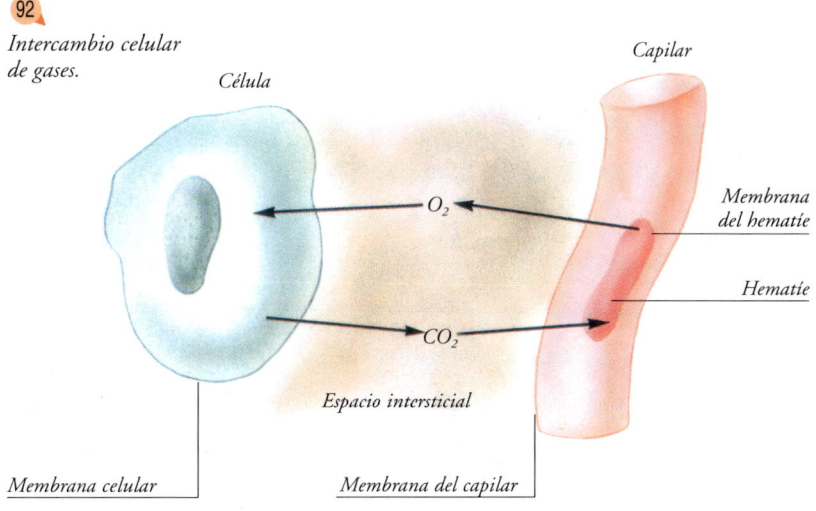

92 Intercambio celular de gases.

Célula
Capilar
O_2
Membrana del hematíe
Hematíe
CO_2
Espacio intersticial
Membrana celular
Membrana del capilar

Aparato circulatorio

El corazón

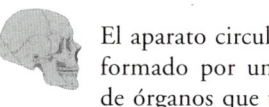

El aparato circulatorio está formado por un conjunto de órganos que tienen una misión común: repartir la sangre por todo el organismo. El aparato circulatorio es necesario para efectuar importantísimos procesos vitales, por ejemplo, mantener constante la temperatura del cuerpo y distribuir a las células el oxígeno y los productos nutritivos que necesitan.

Las dos estructuras principales del aparato circulatorio son:

El corazón

Es su motor central. Actúa a modo de bomba, obligando a la sangre a circular.

Los vasos sanguíneos

Son el sistema de conductos por el interior de los cuales circula la sangre. Se dividen en dos clases:

— las *arterias,* vasos por los que la sangre sale del corazón;
— las *venas,* vasos que llevan la sangre hacia el corazón.

El corazón

El corazón es un órgano hueco. La estructura de sus paredes es de tipo muscular, es decir, con capacidad de contracción. Tiene cuatro cavidades interiores (2 aurículas y 2 ventrículos) y también cuatro válvulas, encargadas de ordenar el sentido de la circulación de la sangre (figs. 93 y 94).

La aurícula derecha

En esta cavidad desembocan las dos venas cavas (superior e inferior), que llevan al corazón la sangre procedente de todo el organismo, exceptuando la que regresa, oxigenada, de los pulmones.

La aurícula izquierda

Esta cavidad recoge la sangre que proviene de los pulmones, ya oxigenada.

El ventrículo derecho

Recibe la sangre de la aurícula derecha, a través de la *válvula tricúspide*. Se encarga de impulsar esta sangre, pobre en oxígeno, hacia el árbol arterial pulmonar.

El ventrículo izquierdo

Recibe la sangre oxigenada de la aurícula izquierda, a través de la *válvula mitral*, y la envía hacia la arteria aorta, a través de la válvula aórtica.

El pericardio

El pericardio es una membrana que envuelve totalmente el corazón y la parte inicial de los grandes vasos (fig. 95).

Está constituido por dos hojas o capas:

Capa externa. Es fibrosa y se adhiere a los órganos vecinos (diafragma, esternón).

Capa interna o *visceral.* Recubre íntimamente el corazón.

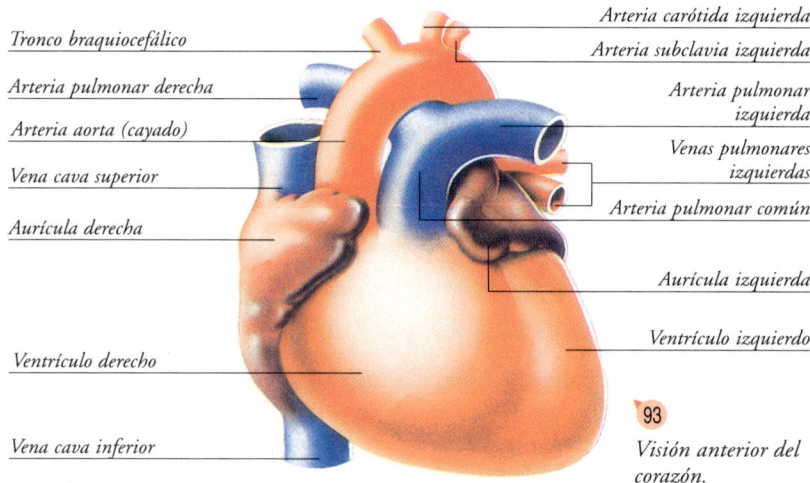

93 Visión anterior del corazón.

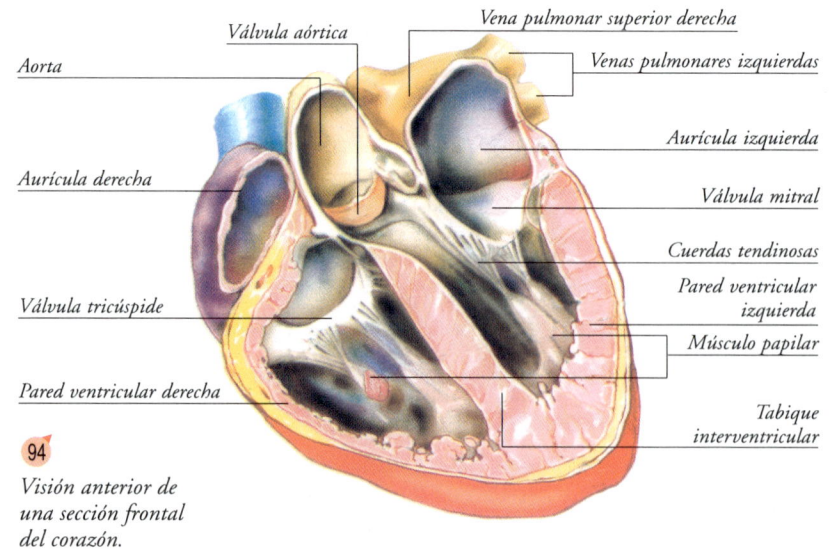

94 Visión anterior de una sección frontal del corazón.

Anatomía

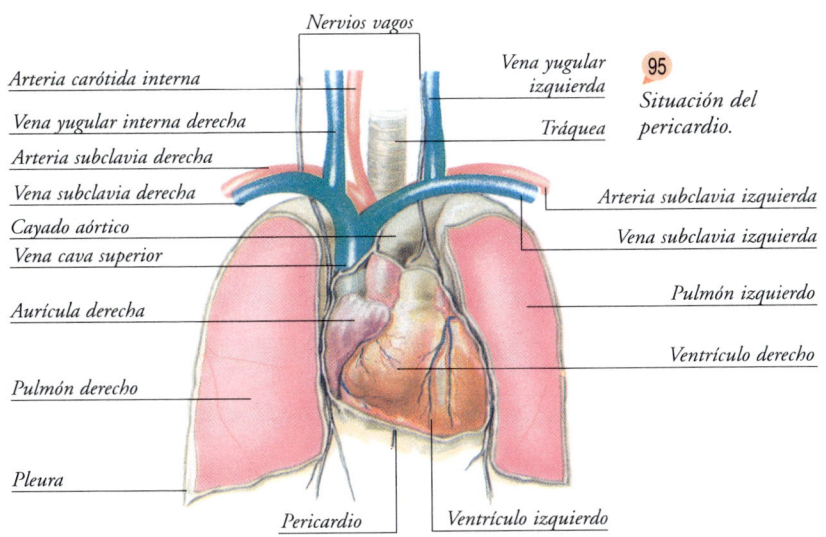

95 Situación del pericardio.

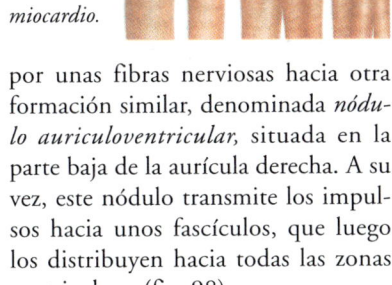

96 Fibras del miocardio.

El miocardio

El miocardio es la pared muscular del corazón. Con sus contracciones determina la acción de bombeo de este órgano. Está formado por fibras musculares estriadas, parecidas a las de la musculatura esquelética, que se entrecruzan entre sí en forma de red (fig. 96).

El endocardio

El endocardio es la capa que tapiza interiormente las cavidades cardíacas. Está formado por tejido epitelial de revestimiento y por tejido elástico. Su aspecto es blanco, liso y brillante.

La circulación coronaria

La circulación coronaria se encarga de irrigar el corazón, suministrándole el oxígeno que precisa. Las arterias coronarias son dos, la derecha y la izquierda, y ambas nacen en el inicio de la arteria aorta (fig. 97).

Sistema eléctrico de conducción

En la parte superior de la aurícula derecha existe una formación, denominada *nódulo sinusal,* que tiene la capacidad de autoexcitarse eléctricamente a un ritmo de 60-80 veces por minuto. Estos estímulos se transmiten por unas fibras nerviosas hacia otra formación similar, denominada *nódulo auriculoventricular,* situada en la parte baja de la aurícula derecha. A su vez, este nódulo transmite los impulsos hacia unos fascículos, que luego los distribuyen hacia todas las zonas ventriculares (fig. 98).

Con cada impulso eléctrico del nódulo sinusal se produce una contracción cardíaca. Además, el sistema nervioso puede aumentar o disminuir la frecuencia de estos impulsos, regulando así el funcionamiento del corazón.

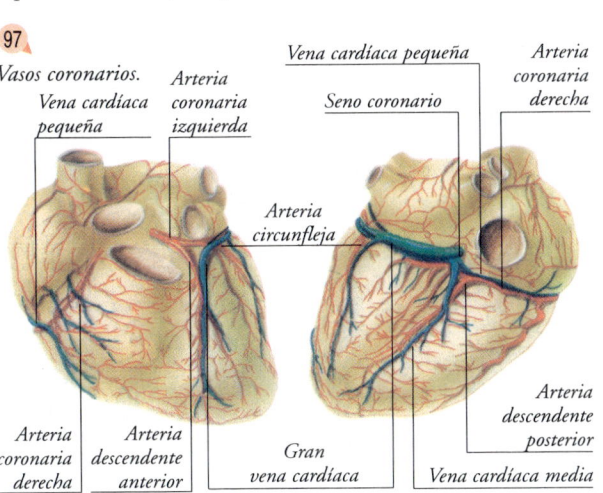

97 Vasos coronarios.

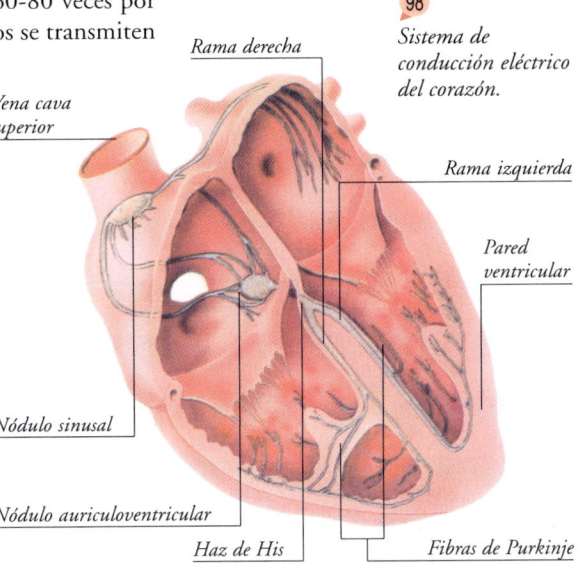

98 Sistema de conducción eléctrico del corazón.

Aparato circulatorio

La circulación

Los movimientos cardíacos

Los movimientos cardíacos impulsan la sangre en su recorrido por el cuerpo. Consisten en una serie de sucesivas contracciones y relajaciones de la musculatura del corazón. Para que se comprenda mejor su funcionamiento, describiremos por separado las dos fases del movimiento: la sístole y la diástole (fig. 99).

La sístole

La sístole es la fase en que se contraen los ventrículos y se expulsa de ellos la sangre hacia las arterias. Antes de iniciarse, los ventrículos se hallan completamente llenos de sangre, que les ha ido llegando de las aurículas. Cuando se inicia la contracción ventricular se produce un importante aumento de la presión en el interior de los ventrículos que origina dos efectos: en primer lugar, hace que se cierren las válvulas que separan los ventrículos de las aurículas, impidiendo que la sangre refluya hacia éstas; en segundo lugar, obliga a que se abran las válvulas arteriales pulmonar y aórtica y la sangre pueda fluir a su través hacia la circulación general.

La diástole

La diástole es la fase en que los ventrículos se relajan y son llenados por la sangre procedente de las aurículas. Éstas, en el período diastólico, sufren una contracción que las obliga a vaciarse.

La diástole dura unos 0,4 segundos. En este tiempo, aprovechando la relajación muscular, se produce la oxigenación del músculo cardíaco por medio de las arterias coronarias.

La circulación

En el organismo humano la circulación tiene dos sistemas completamente diferenciados: el sistémico o mayor, y el pulmonar o menor.

Circulación sistémica o mayor

Su punto de partida es el ventrículo izquierdo y la *arteria aorta*. A partir de esta arteria se van produciendo

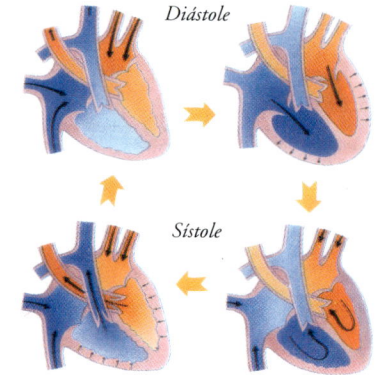

▶ 99
Movimientos cardíacos.

▶ 100
Vasos principales de la circulación sistémica o mayor.

infinidad de ramificaciones, hasta que se forman los *capilares*.

Posteriormente, los capilares se van uniendo entre sí y forman vasos cada vez de mayor calibre. Estos vasos contienen sangre pobre en oxígeno (venosa) y se denominan venas. Las venas confluyen entre sí hasta formar dos grandes troncos venosos que desembocan en la aurícula derecha. Sus nombres son: *vena cava superior*, que recoge la sangre de la cabeza y de las extremidades superiores, y *vena cava inferior*, que lleva al corazón la sangre del resto del cuerpo (fig. 100).

Circulación pulmonar o menor

Se inicia en el ventrículo derecho, cuya contracción expulsa la sangre hacia la *arteria pulmonar* y los pulmones. Esta sangre es venosa, pues proviene de la aurícula derecha, y llegará hasta los capilares pulmonares. Aquí, como hemos comentado al referirnos al aparato respiratorio, se transforma-

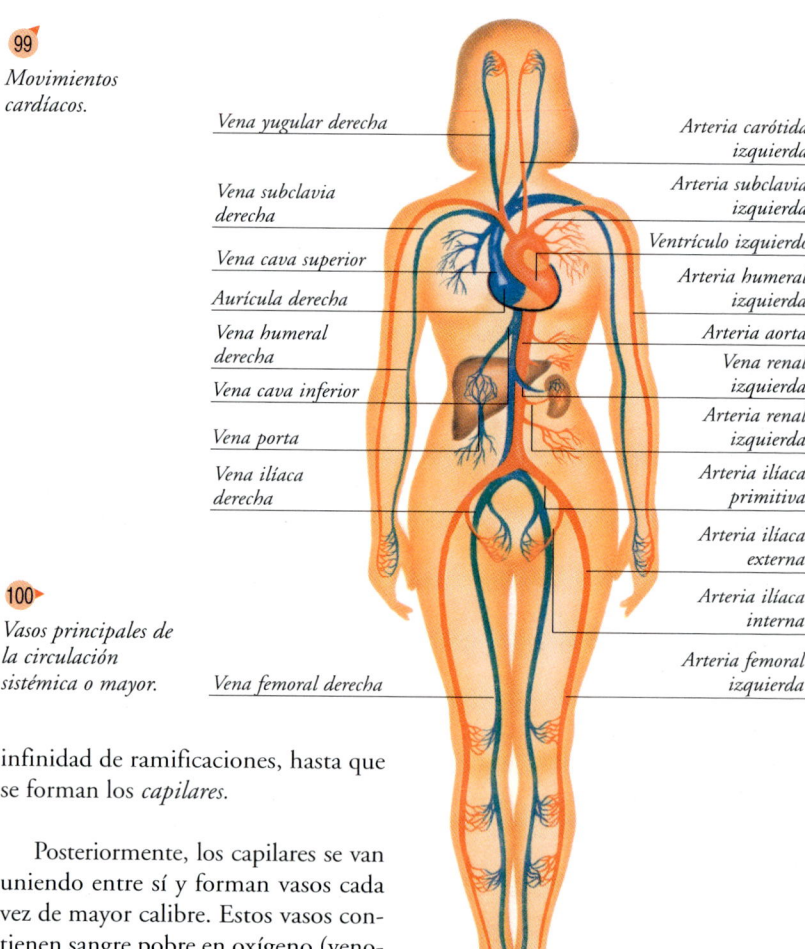

Anatomía

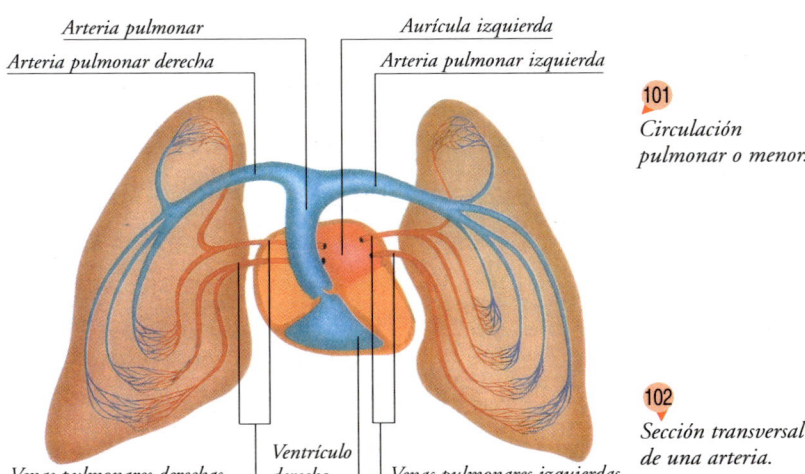

101 *Circulación pulmonar o menor.*

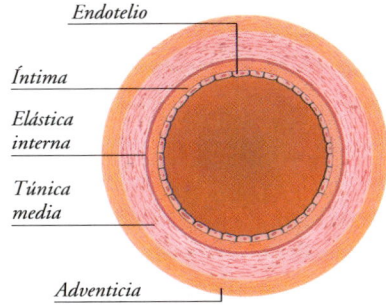

102 *Sección transversal de una arteria.*

rá en sangre arterial, que fluirá por unas venas que se van reuniendo en cuatro grandes troncos, las *venas pulmonares*, hasta desembocar en la aurícula izquierda (fig. 101).

Vasos de la circulación mayor

Nos referiremos sólo a los vasos sanguíneos más importantes por su tamaño y significación (fig. 100).

Arterias subclavias

Son dos: la derecha y la izquierda. Irrigan las extremidades superiores.

Arterias carótidas

También distinguimos la derecha y la izquierda. Se dirigen hacia el cuello e irrigan toda la cabeza.

Tronco celíaco

Nace en el tramo abdominal de la aorta. Irriga el estómago, el hígado y el bazo.

Arterias mesentéricas

Son dos: la superior y la inferior. Nacen en el tramo abdominal de la aorta. Conducen la irrigación hacia los intestinos delgado y grueso.

Arterias renales

Son dos, una para cada uno de los riñones, órganos a los cuales irrigan abundantemente.

Arterias ilíacas

También son dos, como resultado de la bifurcación de la arteria aorta. Irrigan la zona perineal y las extremidades inferiores.

Morfología de las arterias

Las arterias se caracterizan por el grosor de sus paredes, mucho mayor que el de las venas. Estas paredes están constituidas por tres capas (fig. 102):

Íntima

Es la interna. Se halla recubierta interiormente por un endotelio que permite a la sangre circular con suavidad.

Túnica media

Es la de mayor grosor, pues contiene fibras musculares que, al contraerse, pueden variar el calibre arterial.

Adventicia

Es la externa, y está formada por tejido conjuntivo.

Morfología de las venas

Las venas se caracterizan por tener una pared de inferior grosor y por su poca capacidad contráctil; pero, en cambio, pueden distenderse con facilidad. Sus capas principales reciben los mismos nombres que las de las arterias:

Íntima

Formada por tejido epitelial de revestimiento.

Túnica media

Está constituida por fibras de tejido elástico y por algunas fibras musculares, pero en mucha menor cantidad que en las arterias.

Adventicia

Es la capa externa, elástica, formada por fibras conjuntivas.

Las venas tienen una estructura de la que carecen las arterias: las *válvulas venosas*, que sólo permiten el paso de la sangre en dirección hacia el corazón (fig. 103).

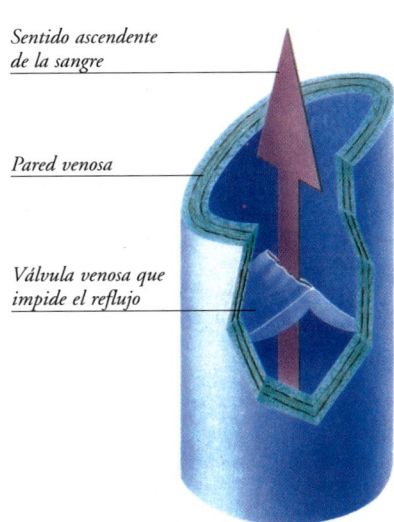

103 *Funcionamiento de las válvulas venosas.*

Sistema linfático

Vasos y ganglios linfáticos

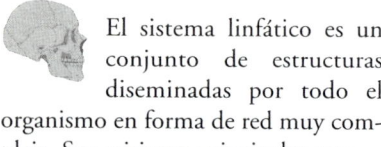

El sistema linfático es un conjunto de estructuras diseminadas por todo el organismo en forma de red muy compleja. Sus misiones principales son:

Acción inmunitaria. Es la función más importante de este sistema.

Reabsorción de líquidos. Los capilares linfáticos, por su especial configuración, permiten la reabsorción de líquidos y moléculas de gran tamaño que no podrían ser recogidos por los capilares sanguíneos. Posteriormente, los productos de esta reabsorción son vertidos al torrente circulatorio.

Acción depuradora. Algunas células de este sistema tienen la capacidad de absorber y neutralizar múltiples partículas o gérmenes que se hallan en el interior del organismo.

Dos son las estructuras que configuran el sistema linfático: los vasos linfáticos y los ganglios linfáticos.

Los vasos linfáticos

Son unos conductos que se hallan distribuidos por todo el cuerpo. Tienen la misión de recoger la linfa y de conducirla luego hacia la cavidad torácica, en donde desemboca en el sistema circulatorio.

Inicialmente, estos vasos son de calibre muy pequeño, y se hallan en íntimo contacto con las células del cuerpo. Se les conoce como *capilares linfáticos*.

Paulatinamente, los vasos linfáticos van confluyendo entre ellos y aumentando de tamaño, y adoptan un aspecto como de rosario, con estrechamientos y dilataciones muy próximos entre sí (fig. 105).

El recorrido de los vasos linfáticos se halla interrumpido a intervalos por

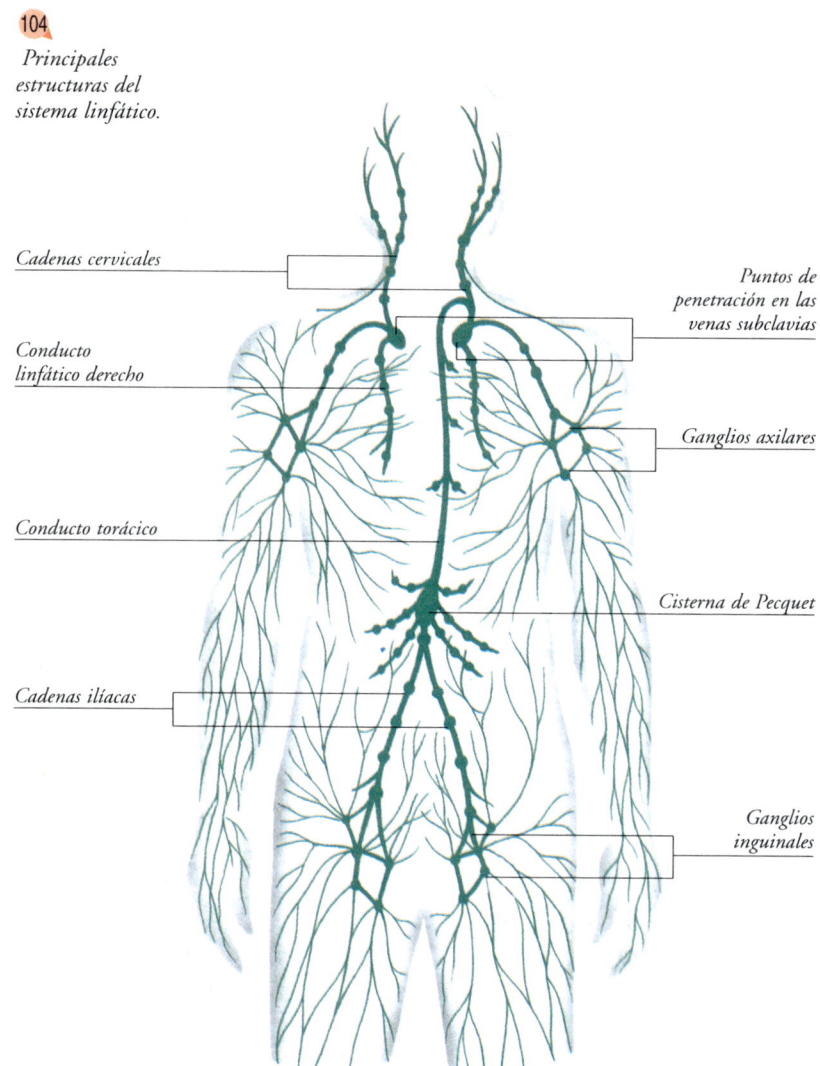

104 *Principales estructuras del sistema linfático.*

Cadenas cervicales
Conducto linfático derecho
Conducto torácico
Cadenas ilíacas
Puntos de penetración en las venas subclavias
Ganglios axilares
Cisterna de Pecquet
Ganglios inguinales

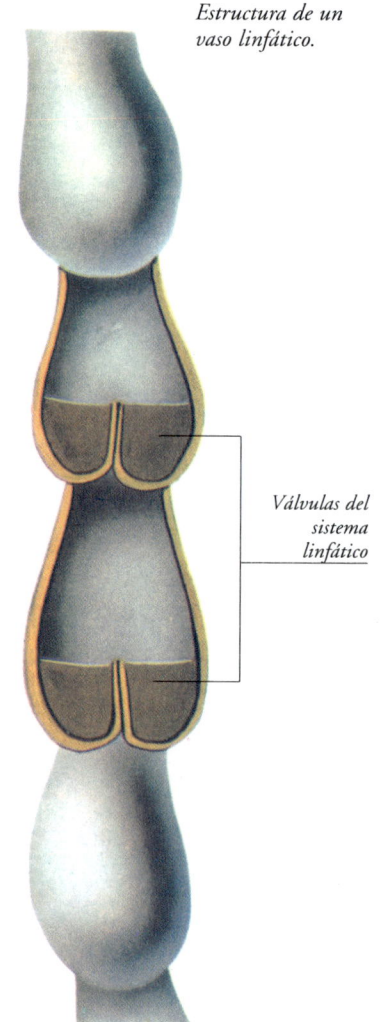

105 *Estructura de un vaso linfático.*

Válvulas del sistema linfático

unas estructuras redondeadas, llamadas *ganglios linfáticos*.

Todos los vasos linfáticos confluyen finalmente en dos grandes troncos linfáticos que desembocan en el sistema venoso (fig. 104):

El conducto torácico

Se inicia a la altura de la segunda vértebra lumbar y se dirige, adosado a la columna vertebral, en sentido ascendente, hasta desembocar en la vena subclavia izquierda. Recoge toda la linfa de las extremidades inferiores, el abdomen, el brazo izquierdo, y la parte izquierda del tórax, el cuello y la cabeza.

El conducto linfático derecho

Es mucho menor que el conducto torácico, y desemboca en la vena subclavia derecha. Recoge la linfa del brazo derecho y de la parte derecha del tórax, el cuello y la cabeza.

Al líquido que circula por el interior de los vasos linfáticos se le denomina *linfa*. Está formada por diversos productos químicos y por abundantes glóbulos blancos. La linfa se origina por el paso de líquido y moléculas de gran tamaño desde el espacio intercelular hacia el interior de los pequeños capilares linfáticos que se hallan diseminados por todo el cuerpo. Su aspecto es el de un líquido blanquecino y viscoso.

Los ganglios linfáticos

Son unas formaciones interpuestas en el camino de los vasos linfáticos, redondeadas, con unas dimensiones que oscilan entre 1 y 25 mm (fig. 106).

Se localizan en la mayor parte del organismo, aunque se reúnen en gran cantidad en unas zonas determinadas del cuerpo, las llamadas *zonas ganglionares*. Dichas zonas son las siguientes:

Zona cervical. El cuello es una parte muy rica en ganglios linfáticos. Forman una barrera defensiva frente a las múltiples infecciones que pueden producirse en la boca, las fosas nasales, los senos paranasales, los oídos, etcétera.

Zona axilar. Es la estación defensiva frente a las infecciones de las extremidades superiores.

Zona inguinal. También muy rica en ganglios, constituye la barrera a las infecciones de las extremidades inferiores y de la región perineal.

Aparte de estas zonas ganglionares, que son palpables externamente, hay otras (abdominal, mediastínica) asequibles sólo con exploraciones muy complejas. El tejido linfoide que forma los ganglios tiene dos tipos principales de células:

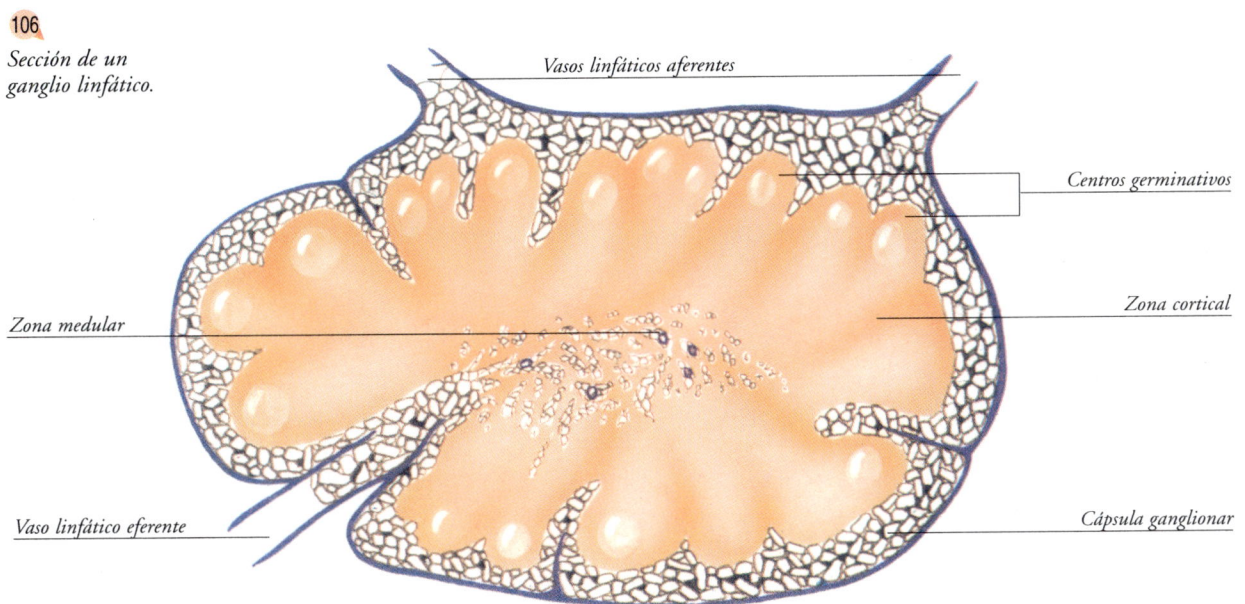

106
Sección de un ganglio linfático.

Los linfocitos. Tienen un papel de primera línea en la respuesta inmunitaria del organismo.

Los macrófagos. Son unas células con capacidad para absorber partículas o gérmenes extraños al organismo. Si el tejido linfoide, por acción de una enfermedad o de algún producto tóxico, queda anulado, se produce entonces en el organismo un estado de grave déficit de defensas; esto comporta un considerable riesgo ante cualquier infección habitual, por leve que ésta sea.

Aparato excretor

Los riñones y las vías urinarias

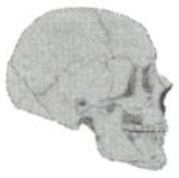

El aparato excretor está formado por una serie de estructuras que tienen como finalidad recoger de todo el organismo las sustancias de desecho resultantes de los procesos bioquímicos y metabólicos que permiten el mantenimiento de la vida. Sus órganos principales son los riñones, que forman la orina a partir de un proceso de filtración de la sangre.

Las funciones del aparato excretor son las siguientes:

Formación de la orina en el riñón.
Transporte de la orina hacia la vejiga por los uréteres.
Almacenamiento de la orina en la vejiga.
Eliminación de la orina a través de la uretra.

Los riñones

Los riñones son dos formaciones macizas situadas en la región lumbar, una a cada lado de la columna vertebral y algo por delante de ésta. Su color es pardo rojizo. Su tamaño aproximado, 11 × 3 × 5 cm. Su peso oscila entre 110 y 180 gramos.

Si se efectúa una sección del riñón, se aprecian varias zonas (fig. 108):

Corteza renal

Es la parte externa; presenta un aspecto uniforme.

Zona medular

Es la parte interna. Está formada por unas estructuras triangulares, con uno de sus vértices mirando hacia el seno renal, denominadas *pirámides de Malpighi*.

Sistema colector de la orina

Está formado por los *cálices* y la *pelvis renal*. En cada cáliz desembocan varias *papilas*, nombre con que se denominan los vértices de las pirámides de Malpighi.

La nefrona

Es la unidad funcional del riñón. En cada riñón hay entre uno y tres millones de nefronas, constituidas por las siguientes estructuras (fig. 109):

El glomérulo

Es la zona inicial donde se forma la orina. Está integrado por un apelotonamiento de vasos capilares envueltos por una membrana llamada *cápsula de Bowman* (fig. 110). Estos capilares destilan un líquido muy claro, la futura orina, que es recogido por la cápsula de Bowman.

Los túbulos

Por ellos discurre la orina hacia las papilas renales.

Los uréteres

Los uréteres son dos largos conductos que unen los riñones con la

107 Aparato urinario.

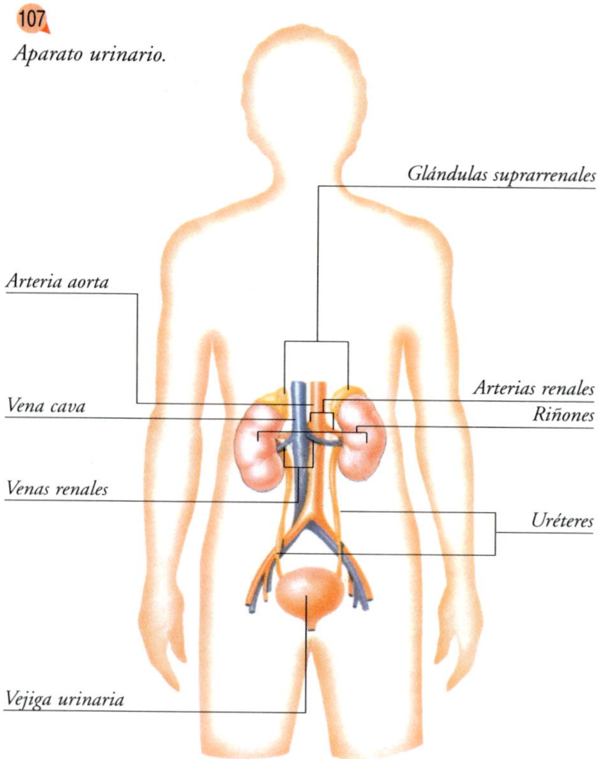

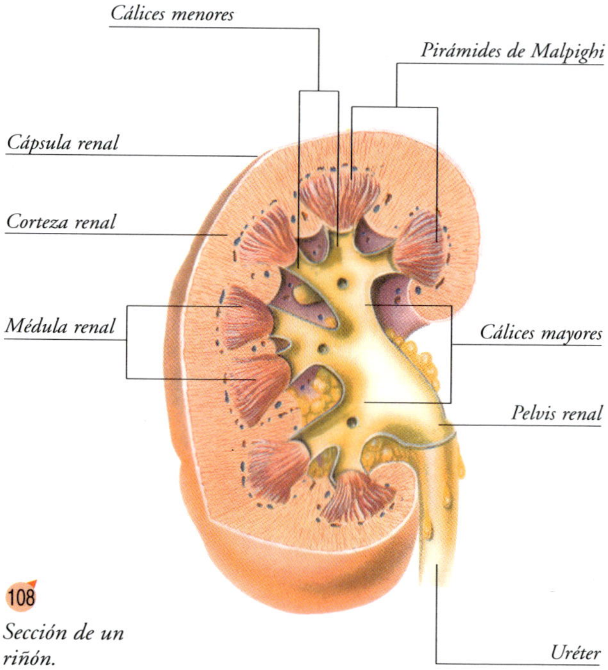

108 Sección de un riñón.

Anatomía

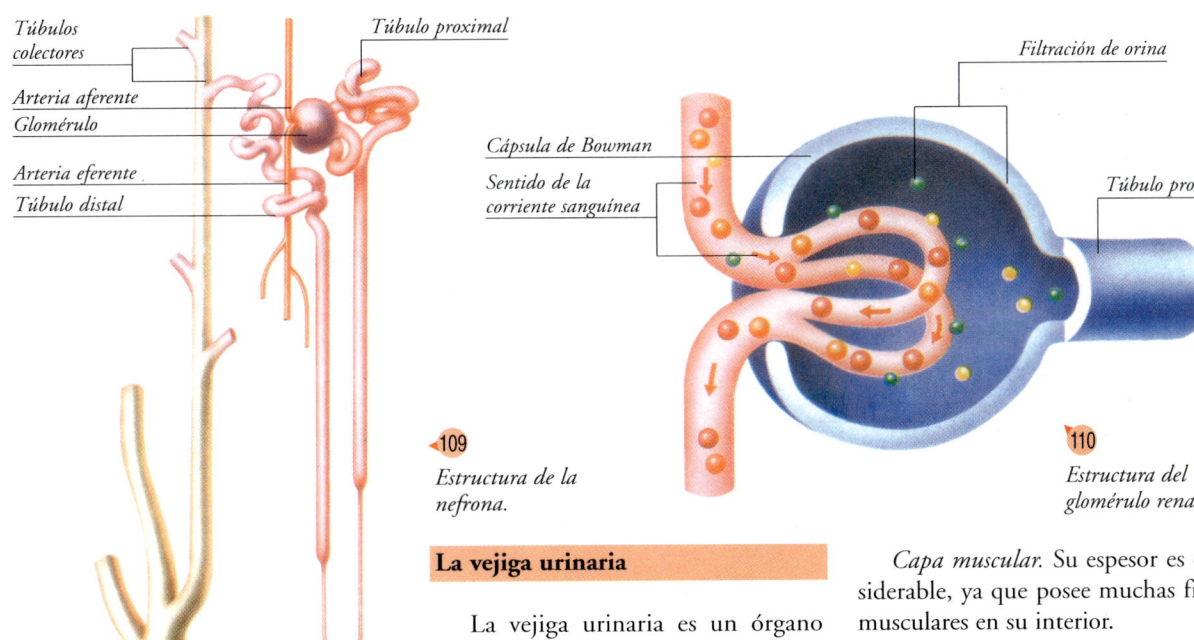

109 Estructura de la nefrona.

110 Estructura del glomérulo renal.

vejiga urinaria, transportando hacia ésta la orina. Las capas que forman la pared uretral son:

Capa mucosa. Reviste internamente el uréter.

Capa muscular. Proporciona al uréter su capacidad contráctil. El extremo superior del uréter es la continuación de la pelvis renal. Su extremo inferior desemboca en la pared posterior de la vejiga urinaria.

La vejiga urinaria

La vejiga urinaria es un órgano hueco en forma de saco. Tiene la misión de almacenar la orina fabricada por los riñones hasta que llegue el momento adecuado para verterla al exterior. Se halla situada en la pelvis menor, por detrás del hueso pubis. Su capacidad de distensión es muy grande: puede alcanzar fácilmente los 1 000 ml o incluso más. En su parte inferior se abre el orificio uretral, que la pone en comunicación con la uretra. Las capas que forman la pared de la vejiga son:

Capa mucosa. Tapiza interiormente la vejiga.

Capa muscular. Su espesor es considerable, ya que posee muchas fibras musculares en su interior.

Capa serosa. Es el revestimiento externo de la vejiga.

La uretra

Es el conducto por el que se vierte la orina al exterior. En la mujer tiene un trayecto muy corto, que termina en el vestíbulo vaginal. En el hombre su recorrido es más largo, ya que tiene una parte intraprostática y otra en el interior del pene. Se hablará de la uretra con mayor detalle cuando se trate el aparato reproductor masculino (figs. 111 y 112).

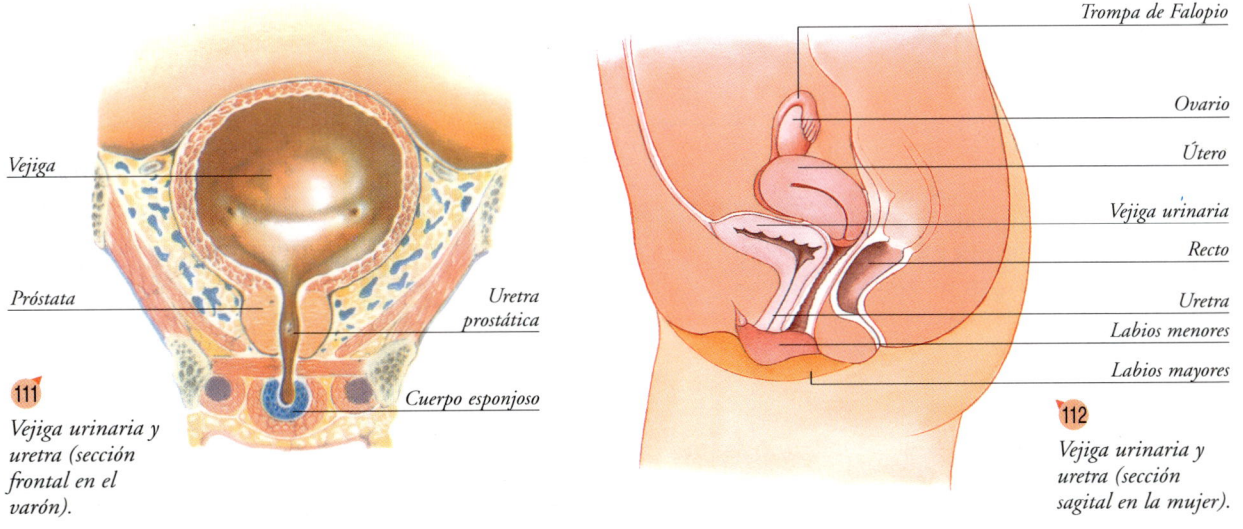

111 Vejiga urinaria y uretra (sección frontal en el varón).

112 Vejiga urinaria y uretra (sección sagital en la mujer).

Aparato reproductor

Aparato reproductor masculino

El aparato reproductor masculino está destinado, conjuntamente con el femenino, a la formación de nuevos individuos, con el fin de asegurar la continuidad de la especie.

Está formado por una serie de órganos, de los cuales los más importantes son los dos testículos, dado que en ellos se forman los espermatozoides, capaces de fecundar el óvulo femenino. Aparte del testículo, el aparato reproductor masculino está integrado por una glándula, llamada próstata, el pene y una serie de conductos que conducen los espermatozoos (fig. 113).

Los testículos

Los testículos con unas glándulas redondeadas, de 4-5 cm de longitud por 2,5-3,5 cm de anchura y un peso de 15-20 g cada uno en un adulto normal. Se hallan alojados en el interior de las *bolsas escrotales*, en la zona perineal (fig. 114). El testículo tiene dos funciones bien diferenciadas:

Espermatogénesis. Se conoce con este nombre la formación de los espermatozoides, que tiene lugar en el interior de los *túbulos seminíferos* (figs. 115, 116 y 117).

Secreción de testosterona. La testosterona es la hormona sexual masculina, es decir, la que confiere al varón su aspecto típico.

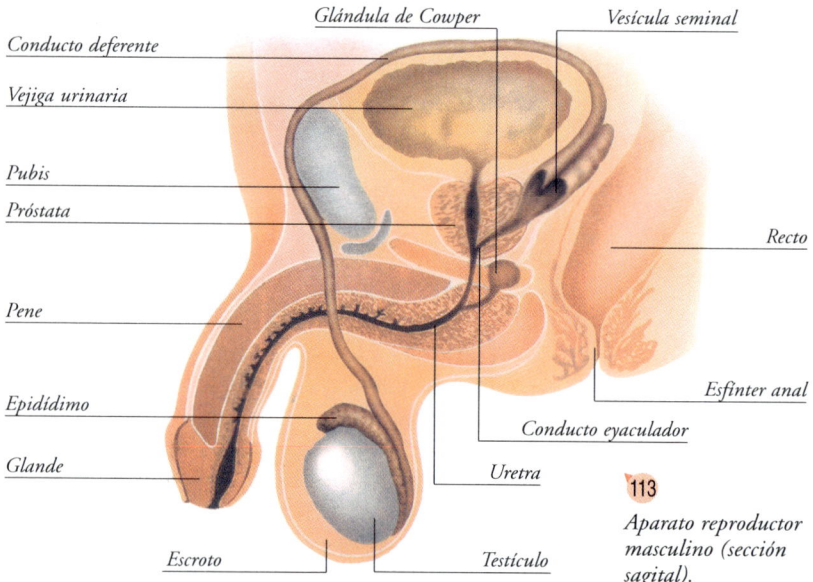

113

Aparato reproductor masculino (sección sagital).

El conducto deferente

El conducto deferente es un tubo de unos 45 cm de longitud. Tiene su inicio en el *epidídimo* testicular, continúa luego hacia arriba, por el conducto inguinal, penetra en el abdomen, bordea la vejiga urinaria y termina a la altura de la próstata en un conducto llamado *eyaculador*.

La misión del conducto deferente es transportar los espermatozoides desde el lugar en el que se forman (los testículos) hasta la uretra.

Las vesículas seminales

Las vesículas seminales son unas pequeñas glándulas en forma de saco que se hallan situadas encima de la próstata. Desembocan en el conducto eyaculador, junto a los conductos deferentes, a la altura de la próstata.

Su misión es formar un líquido mucoso destinado a nutrir y proteger los espermatozoos.

La próstata

La próstata es una glándula situada justo por debajo de la vejiga urinaria. Produce un líquido de aspecto lechoso cuya misión es proteger los espermatozoos, aumentar su vitalidad y facilitar así la fecundación.

La uretra

Es un conducto que forma parte del aparato reproductor y del excretor, pues tanto sirve para la eliminación

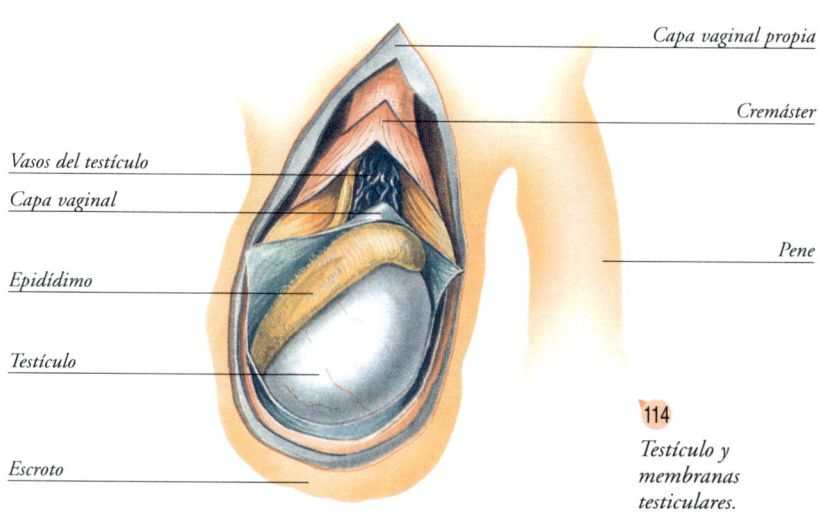

114

Testículo y membranas testiculares.

Anatomía

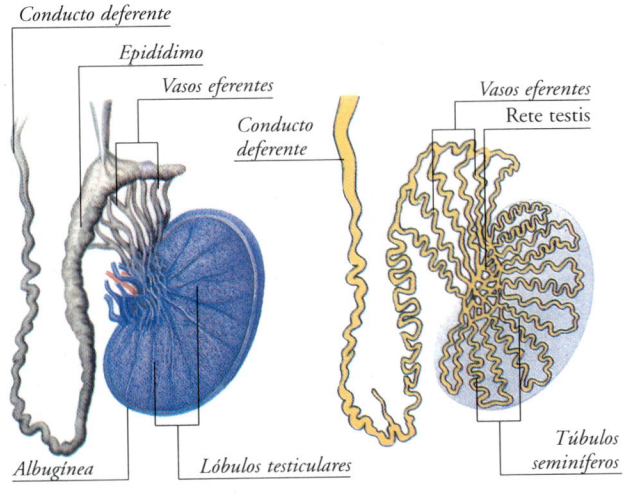

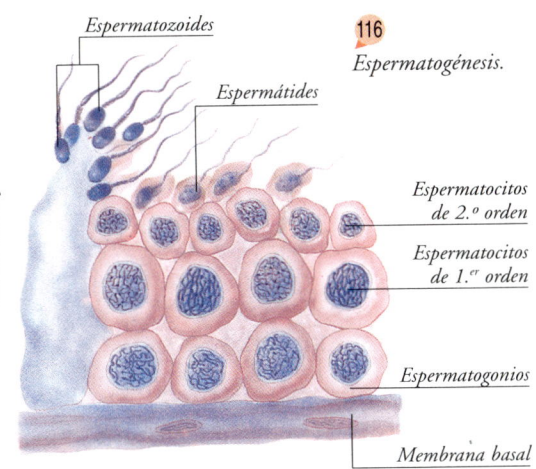

115 *Estructura interna del testículo.*

116 *Espermatogénesis.*

urinaria como para la expulsión de las secreciones sexuales.

Está formada por tres partes:

Uretra prostática
Es la primera porción y efectúa su recorrido por el interior de la próstata.

Uretra membranosa
Es una porción muy corta.

Uretra cavernosa
Es la porción más larga; está situada en el interior del pene y del glande (la parte terminal del pene).

El pene

Es el órgano del aparato reproductor masculino mediante cual se lleva a cabo la copulación. Su extremo recibe el nombre de *glande*.

El interior del pene está constituido por las siguientes estructuras (fig. 118):

Cuerpos cavernosos
Son dos formaciones alargadas integradas por lagunas vasculares que recorren el pene.

Uretra
Conducto rodeado por uno de los cuerpos cavernosos.

Cuando se produce la erección, los cuerpos cavernosos se llenan de sangre debido a una constricción venosa y a una dilatación de las arterias. Este aumento de volumen sanguíneo es el responsable del aumento de tamaño del pene.

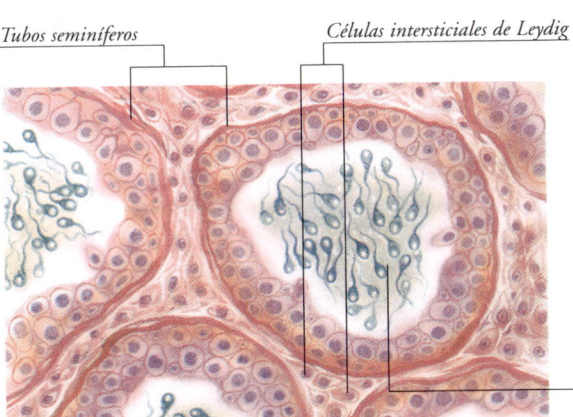

117 *Aspecto microscópico de una sección de los tubos seminíferos.*

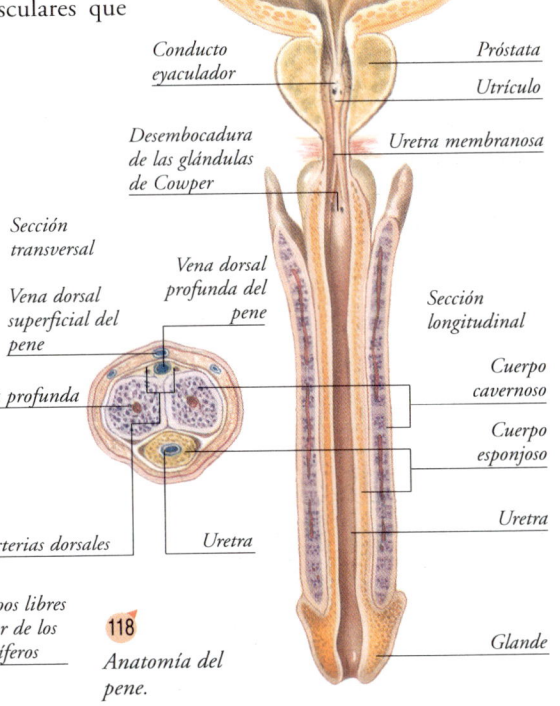

118 *Anatomía del pene.*

Aparato reproductor femenino

El aparato reproductor femenino (fig. 119) está formado por una serie de órganos con la finalidad de producir los óvulos, permitir su fecundación por los espermatozoos masculinos, facilitar su implantación y crecimiento en el útero y, finalmente, expulsar el feto cuando éste ya haya madurado. También corresponden a este aparato las mamas, órganos destinados a la alimentación del nuevo ser en las primeras fases de su vida.

Los ovarios

Los ovarios son unos órganos redondeados situados en la pelvis, lateral y posteriormente al útero, y rodeados por el extremo libre de las trompas de Falopio.

En el momento del nacimiento, un ovario normal contiene aproximadamente 400 000 folículos o futuros óvulos, pero su número decrece con el paso de los años. Después de la fase de la menstruación tiene lugar el crecimiento de varios folículos hasta que, en un momento dado, uno de ellos crece más que los otros y se rompe, expulsando un óvulo u ovocito que será recogido por el extremo de la trompa de Falopio (fig. 120).

Las hormonas que segrega el ovario son la *progesterona* y los *estrógenos*. Estas secreciones están reguladas por la acción de la hipófisis y se producen de forma cíclica.

Las trompas de Falopio

Las trompas de Falopio son unos conductos huecos, en forma de tubo, que comunican por un lado con la cavidad uterina y por el otro lado con la cavidad abdominal.

Sus funciones son recoger el óvulo, cuando se rompe el folículo ovárico, y transportarlo hacia el útero.

El útero

El útero o matriz es un órgano hueco, en forma de saco invertido y situado en la pelvis. Tiene la misión de recibir el óvulo y permitir su desarrollo hasta que se convierta en un nuevo ser con vida propia.

En la mujer que no ha tenido hijos, las dimensiones de este órgano son, aproximadamente, de 7 × 4 × 3 centímetros.

El útero está formado por las siguientes capas:

Serosa. Es la capa externa; recubre el útero, al igual que el resto de órganos abdominales.

Muscular. Es la capa intermedia; muy gruesa. Su contracción ordenada, en el momento del parto, permite una correcta expulsión del feto.

Mucosa o *endometrio.* Es la capa interna. Experimenta numerosas modificaciones, pues su grosor aumenta y disminuye mucho con los ciclos menstruales.

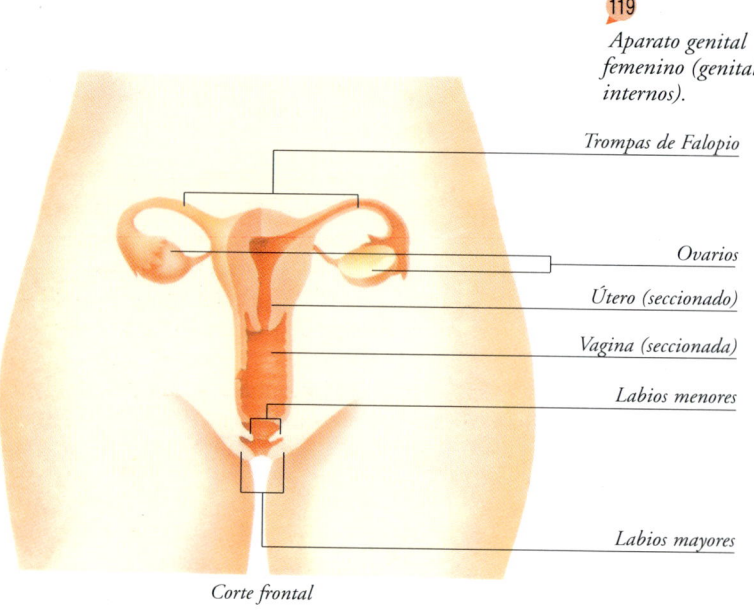

119 *Aparato genital femenino (genitales internos).*

Corte frontal

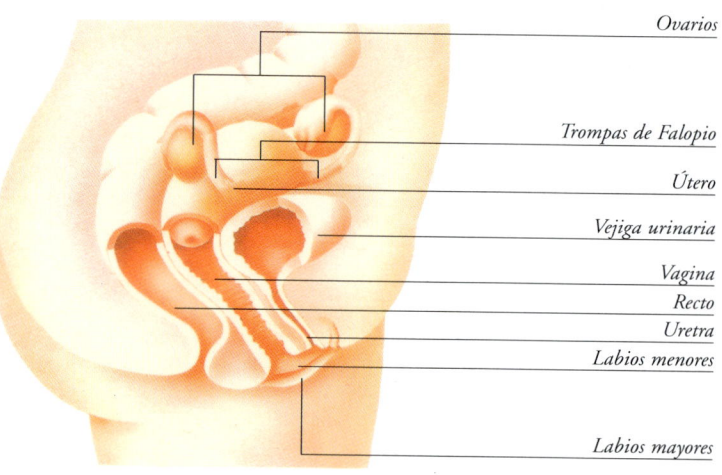

Corte sagital

Anatomía

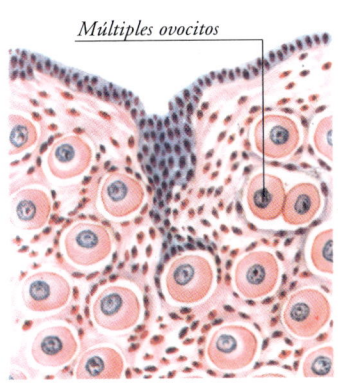

Ovario juvenil

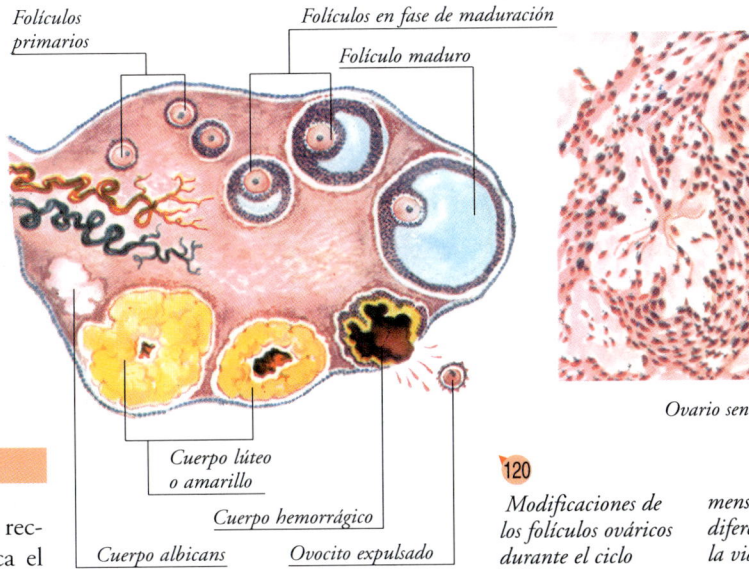

Ovario senil

120 Modificaciones de los folículos ováricos durante el ciclo menstrual y en diferentes etapas de la vida de la mujer.

La vagina

La vagina es un órgano hueco, recto, en forma de tubo. Comunica el cuello del útero con los genitales externos. Su orificio exterior se halla parcialmente cubierto por una membrana denominada *himen*. Este órgano permite la copulación, al introducirse el pene en su interior.

La vulva

Los órganos genitales externos de la mujer reciben el nombre de vulva. Se encuentra en la zona perineal. Los elementos que la integran son (fig. 121):

Labios mayores

Son unos repliegues cutáneos, cubiertos de vello, que se hallan situados externamente. Su unión anterior forma una prominencia denominada *monte de Venus*.

Labios menores

Son unos pliegues parecidos a los anteriores pero sin vello y situados más interiormente. En su zona de convergencia anterior se halla una estructura eréctil, denominada *clítoris*, que desempeña un papel importante durante el acto sexual.

Las glándulas mamarias

Las glándulas mamarias a las que se da así mismo la denominación de *mamas*, son dos glándulas situadas en la pared anterior del tórax y que tienen como finalidad la alimentación del recién nacido (fig. 122).

Después del parto, estas glándulas inician la formación de leche, la cual sale al exterior por los *poros lactíferos* del pezón, a través de los *conductos galactóforos*.

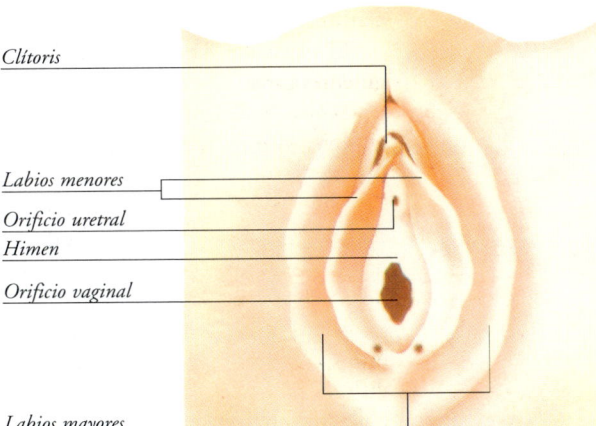

121 Genitales externos femeninos.

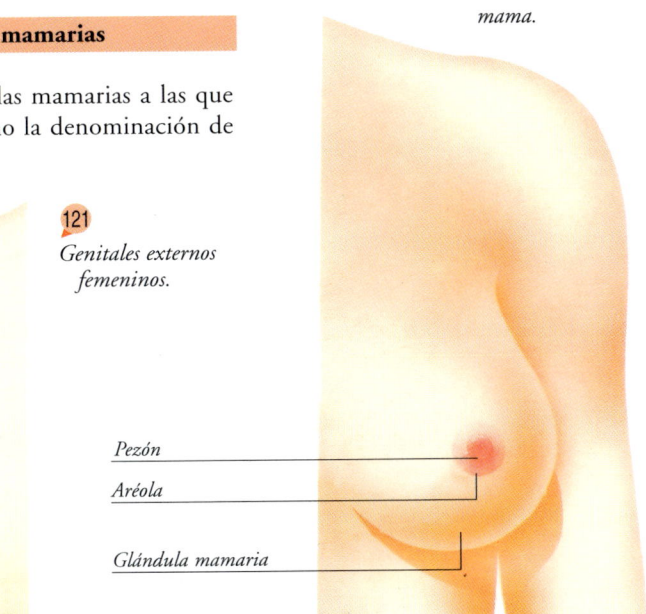

122 Anatomía de la mama.

67

Sistema endocrino

Las glándulas endocrinas

El cuerpo humano está formado por un gran número de estructuras muy complejas y diferentes entre sí que funcionan armónicamente. El sistema endocrino es el encargado de cuidar de este buen funcionamiento, haciendo que cada órgano realice su trabajo a su debido tiempo. Para ello, cada una de las glándulas que lo componen actúa vertiendo a la sangre, en muy escasa cantidad, unas sustancias llamadas *hormonas*, que llegan a los órganos o los tejidos sobre los cuales deben actuar.

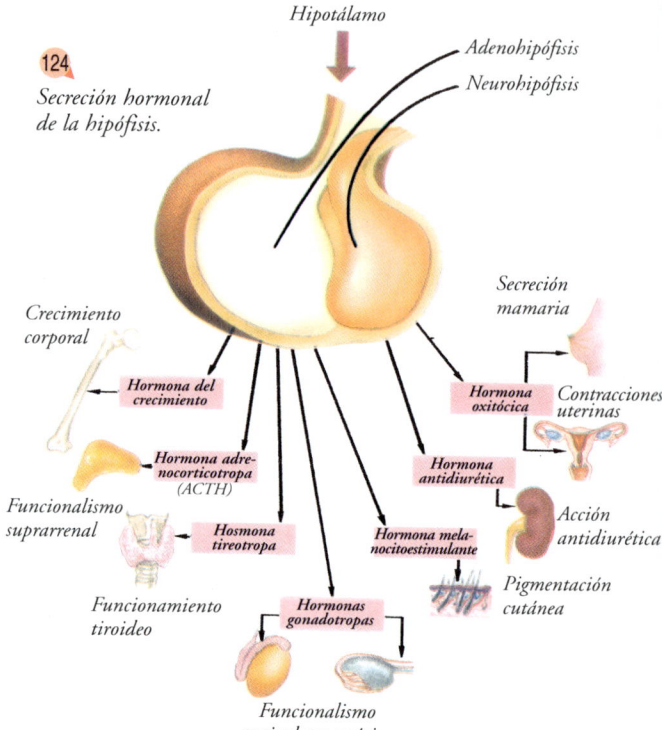

123 *Localización de la hipófisis.*

124 *Secreción hormonal de la hipófisis.*

La hipófisis

La hipófisis es una pequeña glándula que se halla situada en la cavidad denominada *silla turca* (fig. 123), en el hueso esfenoides de la base del cráneo.

El diámetro de esta glándula es de 1 cm, y su peso de 1 g. Se halla como suspendida en la base del cerebro.

A pesar de su pequeño tamaño, se la considera como el director de orquesta de todo el sistema endocrino, puesto que, con sus secreciones, determina el funcionamiento de las demás glándulas.

La hipófisis segrega las siguientes hormonas (fig. 124):

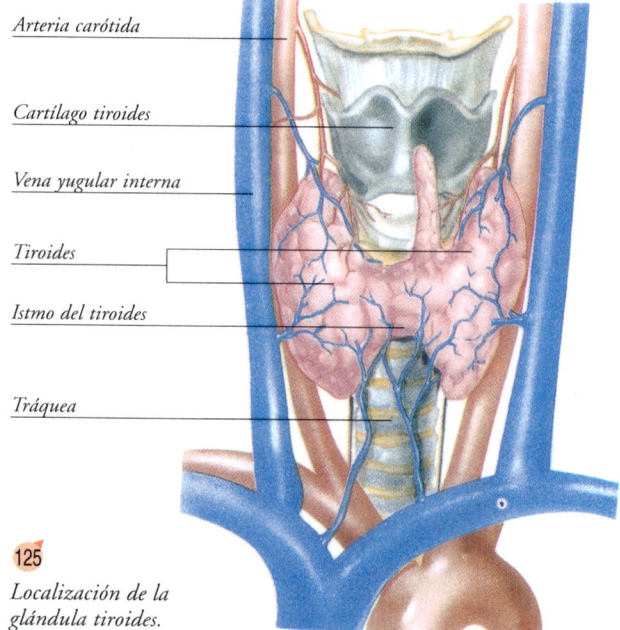

125 *Localización de la glándula tiroides.*

126 *Localización de las glándulas paratiroides.*

Anatomía

Hormona del crecimiento

Actúa en todo el organismo, y determina el crecimiento del cuerpo a través del control del metabolismo.

Hormona adrenocorticotropa

Controla el funcionamiento de las glándulas suprarrenales.

Hormona tireotropa

Controla el funcionamiento del tiroides.

Hormonas gonadotropas

Controlan el funcionamiento de las glándulas sexuales (los ovarios y los testículos).

Hormona melanocitoestimulante

Controla la secreción de melanina por parte de unas células especializadas, los melanocitos. La melanina es el pigmento que da el color oscuro a la piel.

Hormona oxitócica

Controla la motilidad del útero.

Hormona antidiurética

Obliga a que se reabsorba parte del agua de la orina ya formada: de esta manera concentra la orina y disminuye su volumen.

Glándula tiroides

El tiroides es una glándula que se halla situada en la parte anterior del cuello, por delante de la tráquea. Está formado por dos lóbulos, derecho e izquierdo, unidos en la línea media por una zona más estrecha denominada *istmo tiroideo*. Pesa de 20 a 30 gramos (fig. 125).

La hormona que segrega se llama *tiroxina*. La tiroxina determina un aumento de las funciones vitales (respiración, ritmo cardíaco, fuerza muscular, etcétera) y del metabolismo en general. Esta hormona actúa en todas las células del cuerpo. Su función viene determinada por la hipófisis.

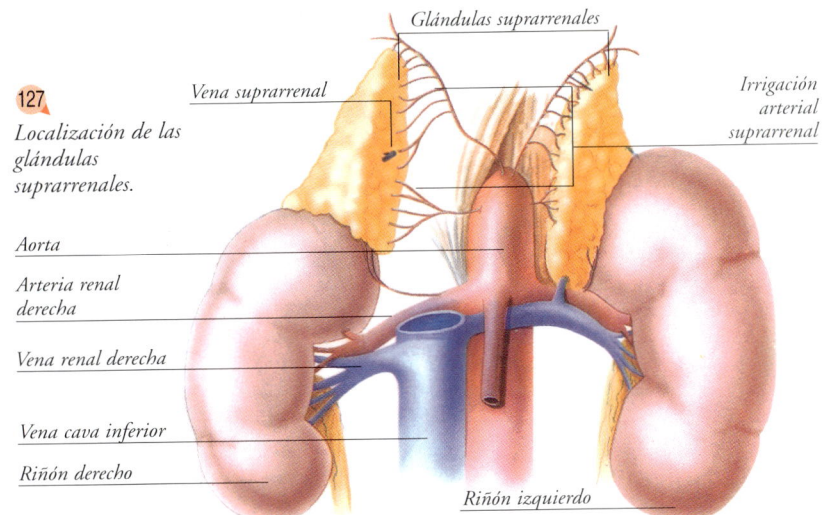

127
Localización de las glándulas suprarrenales.

Glándulas paratiroides

Estas glándulas, habitualmente en número de cuatro, se encuentran situadas en el cuello, muy próximas a la glándula tiroides y por detrás de ésta (fig. 126).

Su producto de secreción es la *hormona paratiroidea*, que tiene la función de controlar el nivel de calcio en la sangre. Cuando aumenta la concentración de hormona, se incrementa aquél, y viceversa.

Glándulas suprarrenales

Estas dos glándulas se hallan en contacto con la parte superior de cada riñón (fig. 127). Su color es de un tono amarillo pardusco y su longitud,

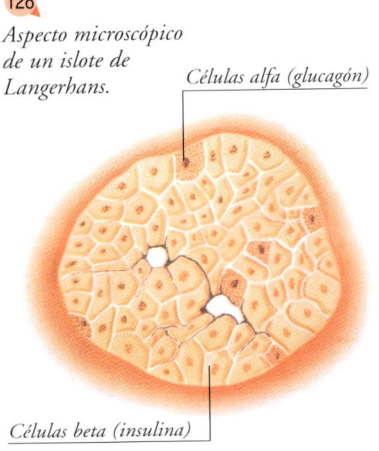

128
Aspecto microscópico de un islote de Langerhans.

de unos 5 cm. Las hormonas que segregan son los *corticoides* (de importante acción metabólica) y la *adrenalina* y la *noradrenalina*, que actúan estimulando el sistema nervioso simpático.

Glándulas sexuales

Ya hemos comentado las principales características de estas glándulas (testículos y ovarios) al hablar del aparato reproductor. Aquí sólo recordaremos que su acción es controlada por las secreciones de la hipófisis.

El páncreas

Además de su función exocrina, el páncreas tiene también otra función de tipo endocrino. Se lleva a cabo en unas áreas repartidas por todo el órgano y denominadas *islotes de Langerhans* (fig. 128), que fabrican dos tipos diferentes de hormonas:

Insulina

Elaborada por las llamadas *células beta*, determina una disminución del nivel de glucosa en la sangre.

Glucagón

Formado por las llamadas *células alfa*, tiene una acción opuesta a la de la insulina: produce un aumento del nivel de glucosa en la sangre.

Sistema nervioso

Generalidades

 El sistema nervioso está formado por un conjunto de estructuras que controlan el funcionamiento de nuestro cuerpo de forma rápida, bien sea voluntariamente, bien sea involuntariamente (reflejos y actividades automáticas). A las células del sistema nervioso las llamamos *neuronas*, y están presentes en todo el sistema.

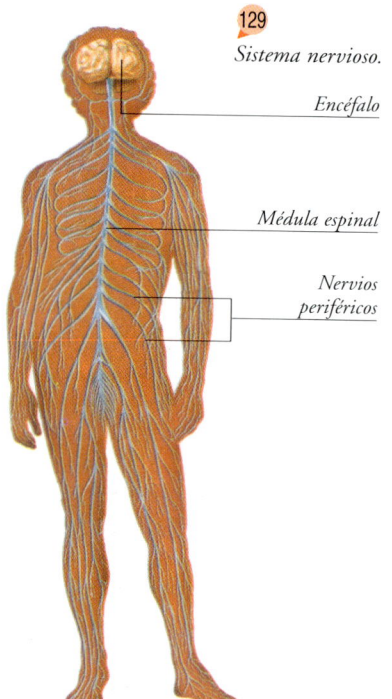

129
Sistema nervioso.

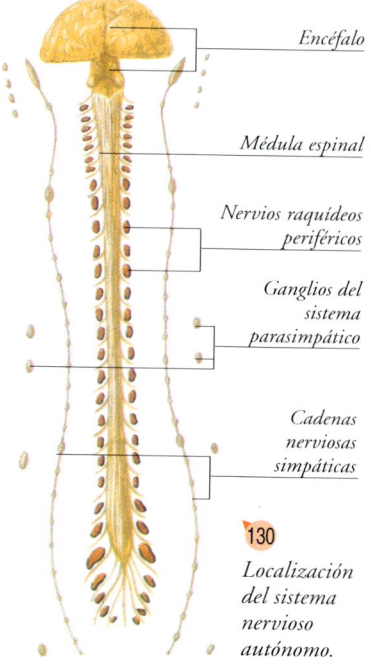

130
Localización del sistema nervioso autónomo.

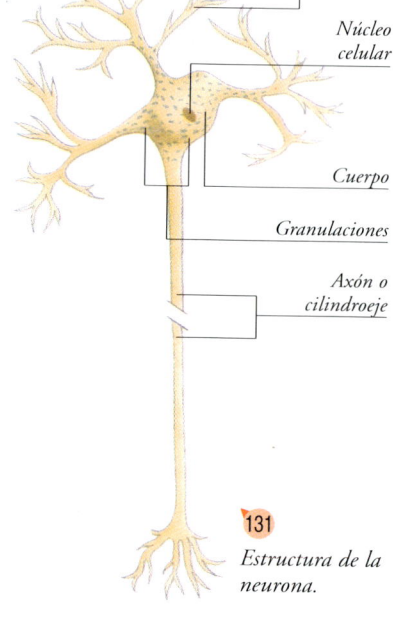

131
Estructura de la neurona.

El sistema nervioso es muy complejo. Se puede decir que está formado por millones de circuitos eléctricos, unos cortos y otros largos, que actúan frenando, estimulando y controlando. El sistema nervioso sabe seleccionar en cada momento la información que le llega y dar respuesta concreta; de su capacidad para recibir y contestar depende su funcionamiento. Está constituido por:

Sistema nervioso central

Compuesto por el encéfalo y la médula espinal (los dos recubiertos por hueso).

Sistema nervioso periférico

Los nervios del organismo (fig. 129).

Sistema nervioso autónomo

Son el sistema simpático y el sistema parasimpático, que ejercen funciones de control (fig. 130).

La neurona

Es la unidad funcional del sistema nervioso. Está formada por tres partes (fig. 131):

Cuerpo, que tiene un núcleo y unas granulaciones. Su tamaño es variable.

Dendritas, unas prolongaciones cortas que salen del cuerpo celular y que son múltiples.

Axón o *cilindroeje*, la prolongación más larga de la célula; es única en cada una de ellas.

Las neuronas se relacionan con otras neuronas a través de su axón y de sus dendritas. Con estas conexiones crean y propagan los estímulos eléctricos que posteriormente se transforman en acciones concretas. Las neuronas tienen la capacidad de aprender, es decir, cuando un determinado ejercicio se repite varias veces, buscan una serie de circuitos determinados que consigan la misma respuesta.

 132
Las meninges.

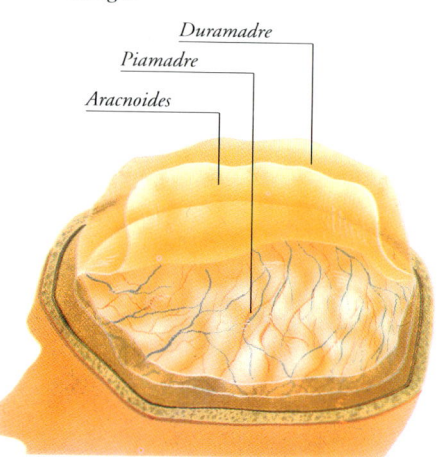

Anatomía

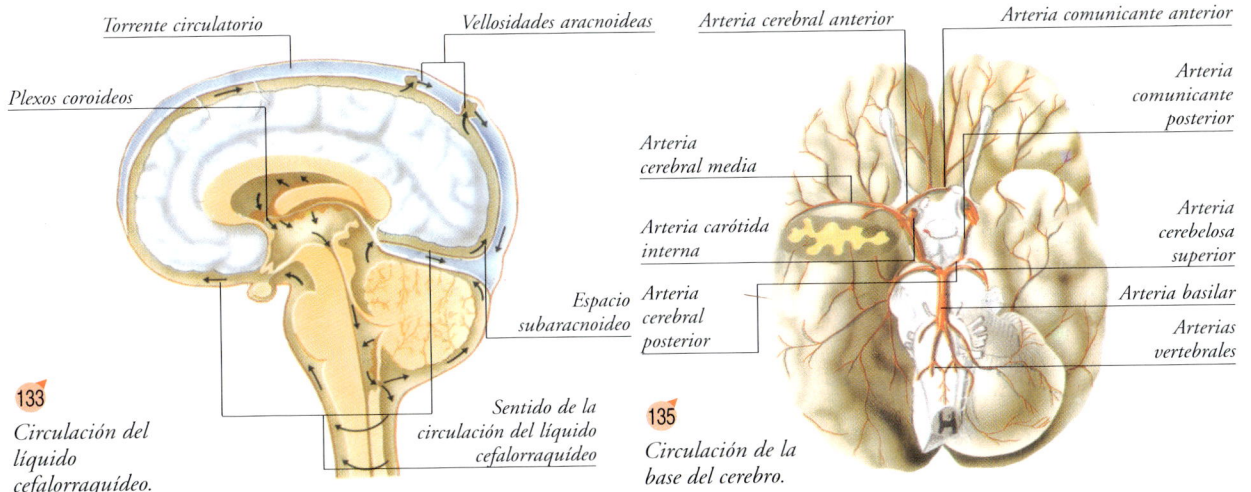

133 Circulación del líquido cefalorraquídeo.

135 Circulación de la base del cerebro.

Las meninges

Las meninges son las tres membranas que recubren el sistema nervioso central. Protegen el encéfalo y la médula de los traumatismos. Son tres, de fuera hacia dentro (fig. 132):

Duramadre, en contacto con el hueso.

Aracnoides o meninge intermedia. Entre la aracnoides y la piamadre se forma el *espacio subaracnoideo*, por el cual circula el líquido cefalorraquídeo.

Piamadre, es la meninge que recubre directamente el sistema nervioso central, encéfalo y médula; se adapta a todas sus entradas y salidas.

El líquido cefalorraquídeo

Se halla en el espacio subaracnoideo y en el interior de los *ventrículos cerebrales*. En los *plexos coroideos* de los ventrículos se forman cada día 1 500 ml de líquido cefalorraquídeo. Éste se dirige hacia los espacios subaracnoideos, donde se reabsorbe a través de sus vellosidades y se vierte en la corriente circulatoria (fig. 133).

En el espacio subaracnoideo se hallan las *cisternas subaracnoideas* (fig. 134), unas dilataciones que se llenan de líquido cefalorraquídeo.

El aspecto del líquido cefalorraquídeo es claro y transparente, y sus funciones son:

Protectora, al amortiguar los pequeños traumatismos que se producen, absorbiendo los golpes;

Metabólica, al contribuir a la nutrición de algunas células del sistema nervioso y ser el vehículo para eliminar productos de desecho.

La irrigación cerebral

Para realizar sus funciones, las neuronas precisan de un buen aporte de oxígeno. El tiempo que las neuronas pueden estar privadas de oxígeno, sin presentar lesiones irreversibles, es de 3 a 5 minutos. Para evitar lesiones en el encéfalo (cerebro, cerebelo, protuberancia anular y bulbo raquídeo) hay una red vascular que, caso de obstruirse una arteria, conduce la sangre por otras hasta la zona afectada. Esta red se llama *polígono arterial de Willis* y se encuentra en la base del cráneo. Está formada por (fig. 135):

Arteria cerebral anterior, una rama de la carótida interna.

Arteria comunicante anterior, que comunica las dos arterias cerebrales anteriores.

Arteria cerebral media, una rama de la carótida.

Arteria cerebral posterior, una rama de la arteria basilar.

Arteria comunicante posterior, que comunica el sistema de la arteria carótida con el de la arteria basilar.

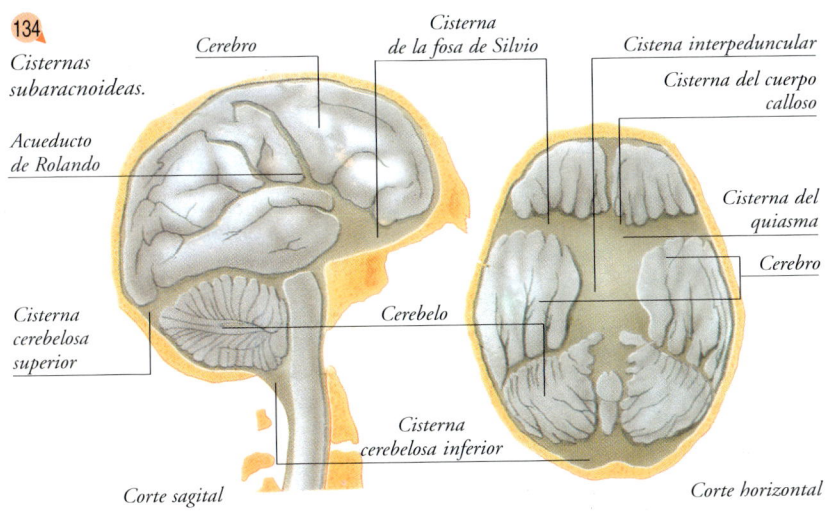

134 Cisternas subaracnoideas.

Sistema nervioso

El encéfalo

La parte del sistema nervioso central que se encuentra en el interior del cráneo se conoce con el nombre de encéfalo. Está formado por diferentes órganos: cerebro, cerebelo, protuberancia anular y bulbo raquídeo.

Cisura de Rolando, que desciende verticalmente desde la interhemisférica.

Cisura de Silvio, de trayecto oblicuo desde la cara inferior cerebral.

Estas dos cisuras delimitan los siguientes lóbulos:

asiento las funciones superiores de la especie humana (conocimiento, inteligencia...).

Cada zona de la corteza cerebral desempeña una función más o menos concreta, pero estas funciones no

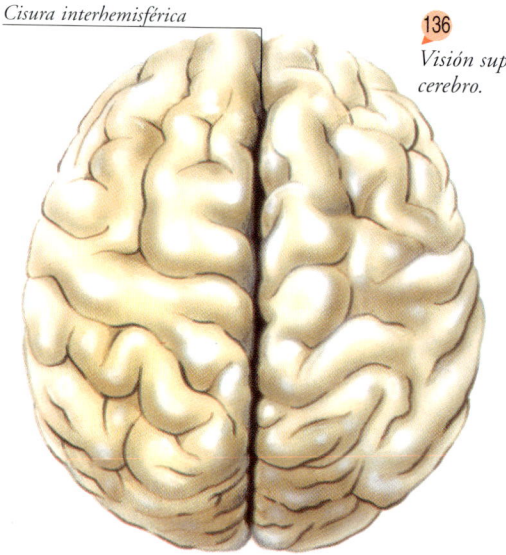

Cisura interhemisférica

136
Visión superior del cerebro.

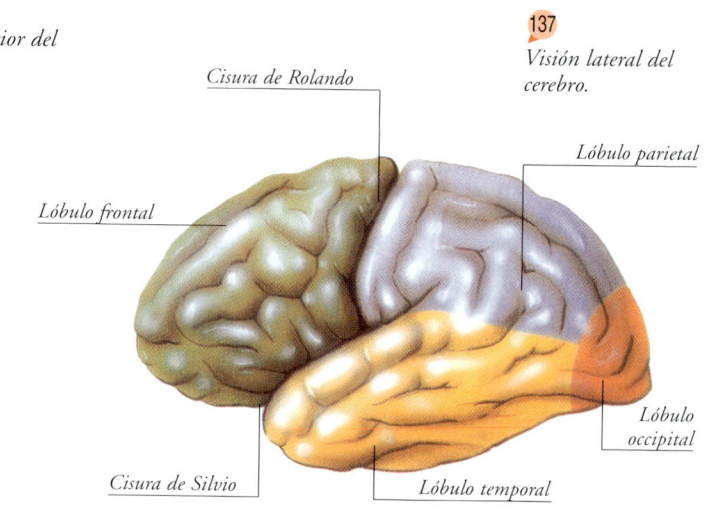

137
Visión lateral del cerebro.

Cisura de Rolando · *Lóbulo parietal* · *Lóbulo frontal* · *Cisura de Silvio* · *Lóbulo temporal* · *Lóbulo occipital*

El cerebro

El cerebro está situado en la cavidad craneal. Su cometido es el más noble y elaborado de todo el sistema. Controla las funciones voluntarias del cuerpo y parte de las involuntarias. Todos los estímulos que recogen los diferentes órganos de los sentidos, para ser reconocidos como tales, deben pasar por el cerebro. Además, en él se asientan la memoria, la inteligencia...

Las dimensiones cerebrales son aproximadamente de 17 × 14 × 13 centímetros. Su peso es de unos 1 100-1 200 g. Su superficie no es lisa: presenta unas entradas mayores, las *cisuras,* y otras menores, los *surcos.* Una visión frontal permite apreciar una cisura grande, denominada *cisura interhemisférica* (fig. 136), que divide el cerebro en dos partes, es decir, los *hemisferios* derecho e izquierdo. En una visión lateral, apreciamos dos cisuras (fig. 137):

Lóbulo frontal

Se encuentra delante de la cisura de Rolando.

Lóbulo parietal

Se encuentra en la parte posterior de la cisura de Rolando.

Lóbulo temporal

Se encuentra por detrás y debajo de la cisura de Silvio.

Lóbulo occipital

Forma la parte posterior del cerebro; no está bien delimitado.

Si seccionamos el cerebro transversalmente, observamos diversas estructuras (fig. 138):

La corteza cerebral

Su color es gris, tiene un espesor aproximado de 3-4 mm y describe gran cantidad de entrantes y salientes para conseguir mayor superficie. En esta zona del cerebro es donde tienen

están bien delimitadas, e incluso se superponen muchas veces (fig. 139).

La sustancia blanca

Constituida por las fibras nerviosas recubiertas de mielina.

Los núcleos de la base

Acúmulos de sustancia gris en la base del cerebro que contienen diversas vías de tipo sensorial y vegetativo. Establecen conexiones con múltiples zonas del sistema nervioso central.

Las cavidades cerebrales

Llamadas *ventrículos.* En su interior se encuentra el líquido cefalorraquídeo.

El cerebelo

El cerebelo está situado en el interior del cráneo, en la parte baja de su extremo posterior y por detrás del bulbo raquídeo (fig. 140). Está formado por dos hemisferios, unidos

Anatomía

entre sí por una parte central denominada *vermis*. Su peso aproximado es de unos 150 g. Su superficie no es lisa, presenta múltiples surcos. Tiene la corteza de color gris y en su interior se encuentra la sustancia blanca.

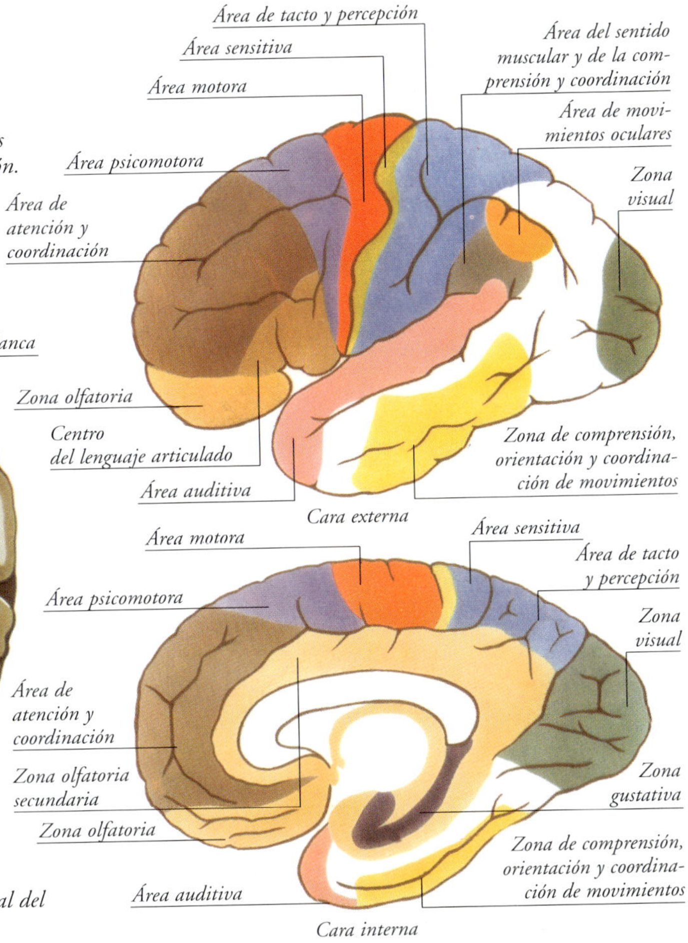

139 *Áreas cerebrales según su función.*

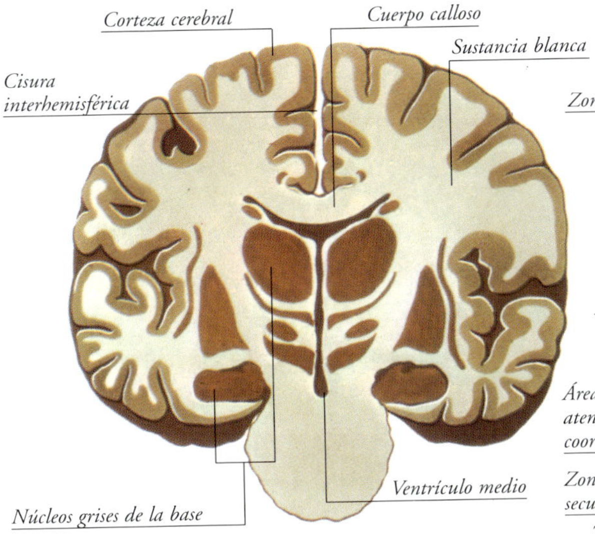

138 *Sección frontal del cerebro.*

Las misiones del cerebelo son principalmente de dos tipos:

Coordinación de los movimientos: permite que los movimientos se efectúen de forma armónica y efectiva.

Contribución al sistema del equilibrio: prevé los movimientos que se van a producir e introduce los cambios necesarios en las órdenes motoras para seguir manteniendo un correcto equilibrio.

La protuberancia anular

Está situada entre el bulbo raquídeo y el cerebelo. Sus dimensiones aproximadas son: 27 × 33 × 26 mm.

Es una zona de paso de vías motoras y sensitivas.

Se encuentran en ella los núcleos de origen de varios nervios craneales.

El bulbo raquídeo

Se encuentra entre la médula y la protuberancia anular. Se localiza a la altura del orificio occipital, entre la cabeza y el cuello. Su aspecto es el de una dilatación de la médula. Por su interior circulan todas las vías que van desde el cerebro hacia la médula. Contiene tres centros reguladores de gran importancia:

Centro respiratorio, que determina los movimientos periódicos de la respiración.

Centro vasomotor, que regula importantes parámetros circulatorios.

Centro del vómito, que, cuando se estimula, provoca el vómito.

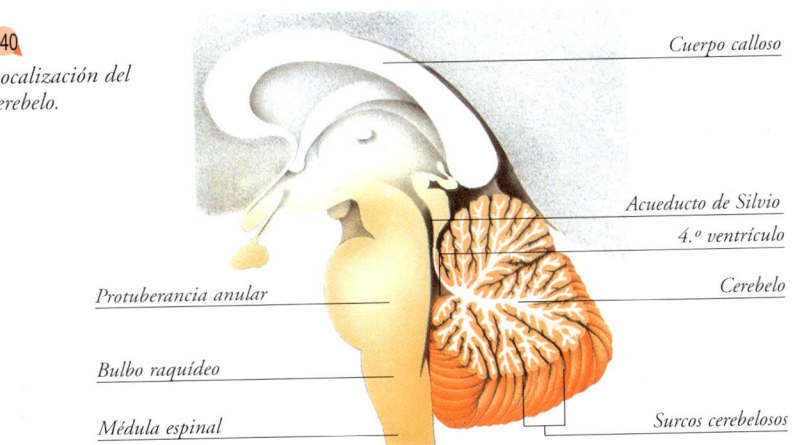

140 *Localización del cerebelo.*

Sistema nervioso

Los pares craneales. La médula espinal

Los pares craneales

Son doce pares de nervios que se originan en el encéfalo y se dirigen directamente hacia sus territorios correspondientes, atravesando el suelo óseo de la base del cráneo y las diversas capas meníngeas (duramadre, piamadre y aracnoides).

Sus funciones son motoras (ya sean voluntarias o involuntarias), sensitivas y mixtas (motoras y sensitivas a la vez).

Las principales misiones que tienen asignadas estos nervios son (fig. 141):

I par craneal (nervio olfatorio)

Es un nervio situado por debajo del cerebro, del cual salen unas fibras que se dirigen hacia la mucosa de las fosas nasales, en donde recogen los estímulos de tipo olfatorio.

II par craneal (nervio óptico)

De las retinas de los ojos surgen los nervios ópticos, que se cruzan entre sí formando el quiasma óptico. Por esta vía circulan hacia el cerebro las impresiones visuales captadas por los globos oculares.

III par craneal (nervio motor ocular común)

Es el nervio responsable de la mayoría de los movimientos que efectúa el globo ocular. Su estimulación también produce el cierre de la pupila (miosis).

IV par craneal (nervio patético)

Es un nervio motor del ojo.

V par craneal (nervio trigémino)

Su parte sensitiva da sensibilidad a toda la cara. La parte motora inerva los músculos de la masticación.

VI par craneal (nervio motor ocular externo)

Es un nervio motor cuya estimulación dirige el globo ocular hacia el exterior.

VII par craneal (nervio facial)

Su parte sensitiva capta los estímulos de la porción anterior de la lengua, en tanto que su parte motora inerva los músculos de la cara (esta última función es la más importante de las que realiza).

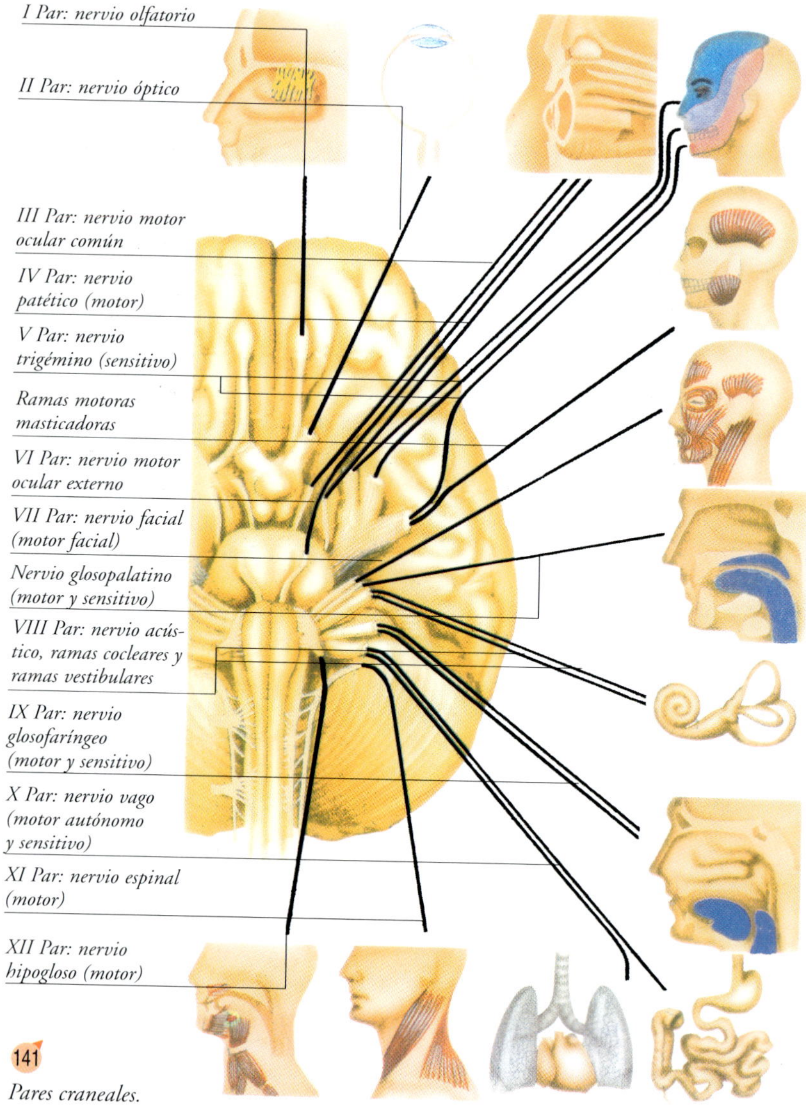

141
Pares craneales.

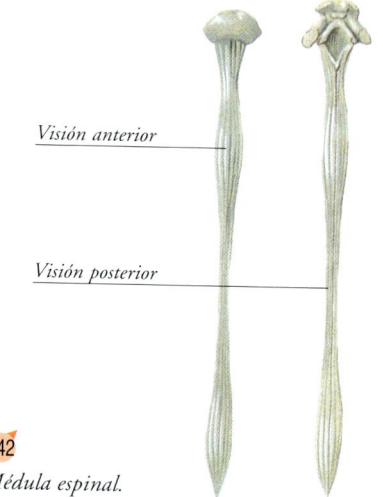

142
Médula espinal.

Anatomía

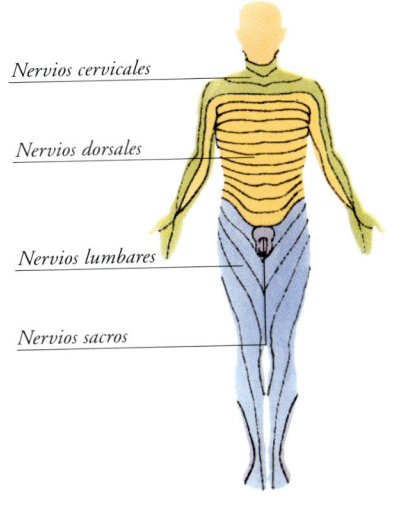

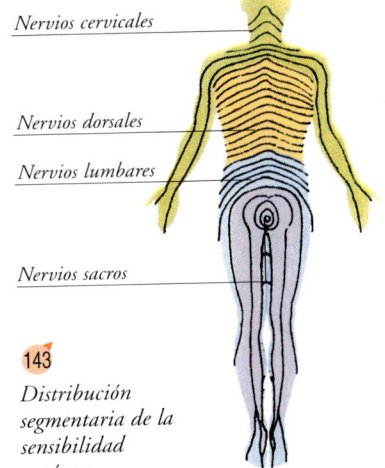

143 Distribución segmentaria de la sensibilidad cutánea.

VIII par craneal (nervio acústico)

Es un nervio sensitivo. Transmite señales de tipo auditivo desde el oído interno hasta el cerebro. Hace llegar las señales que permiten mantener el equilibrio en el cuerpo.

IX par craneal (nervio glosofaríngeo)

Su parte motora da movimiento a la musculatura faríngea, y su parte sensitiva se dirige hacia las zonas de la boca, la faringe y la lengua.

X par craneal (nervio vago)

Es un nervio mixto, sensitivo y motor. Se dirige hacia la laringe y las vísceras abdominales. Por él discurren fibras parasimpáticas, que van hacia el corazón y hacia otras vísceras torácicas y abdominales.

XI par craneal (nervio espinal)

Es un nervio motor, que actúa sobre los músculos del cuello, de la laringe y del velo del paladar.

XII par craneal (nervio hipogloso)

Este nervio está encargado de facilitar los movimientos propios de la lengua, contribuyendo a la masticación, la deglución, la fonación...

La médula espinal

La médula espinal (fig. 142) es la parte del sistema nervioso central que se encuentra en el conducto raquídeo de la columna vertebral. De ella salen todos los nervios del organismo que conforman el sistema nervioso periférico. Entre vértebra y vértebra parte un nervio hacia cada lado con dirección a su zona correspondiente. La distribución de estos nervios es segmentaria (fig. 143).

La superficie externa de la médula espinal es de color blanco a causa de la mielina que recubre sus fibras nerviosas; en el interior se observa la presencia de sustancia gris, que adopta forma de «H», es decir, con dos astas anteriores y otras dos posteriores de las cuales salen las raíces nerviosas. En las astas anteriores se encuentran los cuerpos de las células motoras del organismo, que reciben la denominación de *motoneuronas*.

Los reflejos medulares

Todo reflejo precisa de una parte sensitiva y de una respuesta motora.

Cuando en la piel se produce una agresión o una lesión, se origina una corriente eléctrica en el nervio correspondiente, que se dirige a la médula por la parte posterior del nervio espinal. A continuación va hacia el asta anterior, en donde se estimula una motoneurona que emitirá, a su vez, una señal eléctrica cuya misión será ordenar a la musculatura correspondiente que lleve a cabo el movimiento necesario para evitar la causa agresora (fig. 144).

Esta respuesta es involuntaria, sin intervención de la conciencia, pero, a través de otras fibras que se dirigen hacia el cerebro, éste puede tener conocimiento de la reacción.

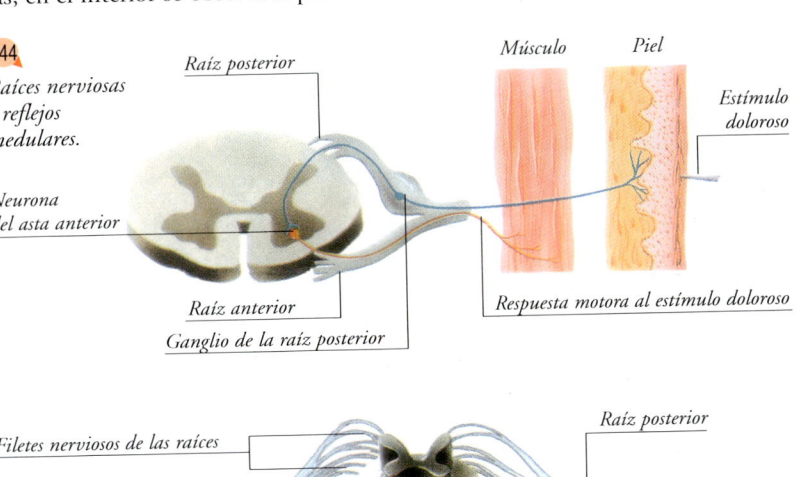

144 Raíces nerviosas y reflejos medulares.

Sistema nervioso

Nervios periféricos. Sistema nervioso vegetativo

Las vías nerviosas

En el sistema nervioso central existen una serie de circuitos con una misión más o menos determinada. Estos circuitos son las vías nerviosas, que tienen gran complejidad. Así, existe una vía nerviosa que conduce los estímulos de la sensibilidad superficial; otra, los de la profunda; otra, los estímulos motores...

La vía de la actividad motora voluntaria se denomina *piramidal* (fig. 145) y tiene su origen en unas células del lóbulo frontal, por delante de la cisura de Rolando, que deciden el movimiento que se va a efectuar. Esta vía se dirige hacia la médula, donde unos fascículos emiten conexiones para las motoneuronas, las cuales, a su vez, envían impulsos hacia los músculos del organismo a través de los nervios periféricos.

Los nervios periféricos

Las fibras nerviosas salen del sistema nervioso central unidas entre sí en forma de haces o cordones. El tejido conjuntivo que las recubre les da su consistencia típica, de notable resistencia y aspecto de cuerdas más o menos gruesas.

Las fibras que se dirigen hacia una estructura determinada del organismo se hallan agrupadas entre sí formando un haz recubierto de tejido conjuntivo. La capa externa de los nervios, que mantiene reunidas todas sus fibras, se denomina *epinervio*.

En su interior se encuentran varios haces, conocidos como primarios, que

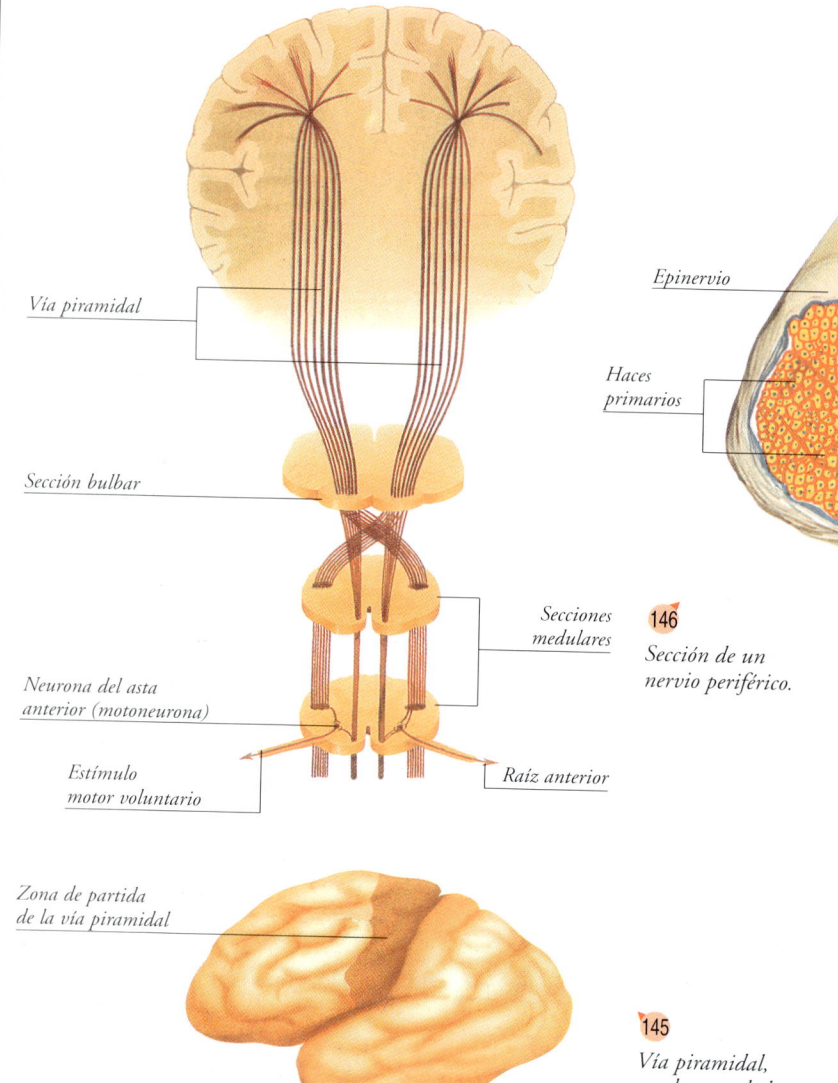

146
Sección de un nervio periférico.

145
Vía piramidal, conductora de los estímulos motores.

están envueltos por otras dos capas, llamadas *perinervio* y *endonervio* (fig. 146). Los nervios periféricos salen de la médula espinal en número de 32 pares simétricos (es decir, uno hacia la derecha y el otro hacia la izquierda) por unos orificios que hay entre las vértebras. Cada nervio está formado por la unión de dos raíces, la anterior y la posterior. En su interior hay tres tipos diferentes de fibras:

Sensitivas. Conducen los estímulos de la sensibilidad hacia la raíz posterior del nervio.

Motoras. Conducen el estímulo motor procedente de las células del asta anterior medular.

Anatomía

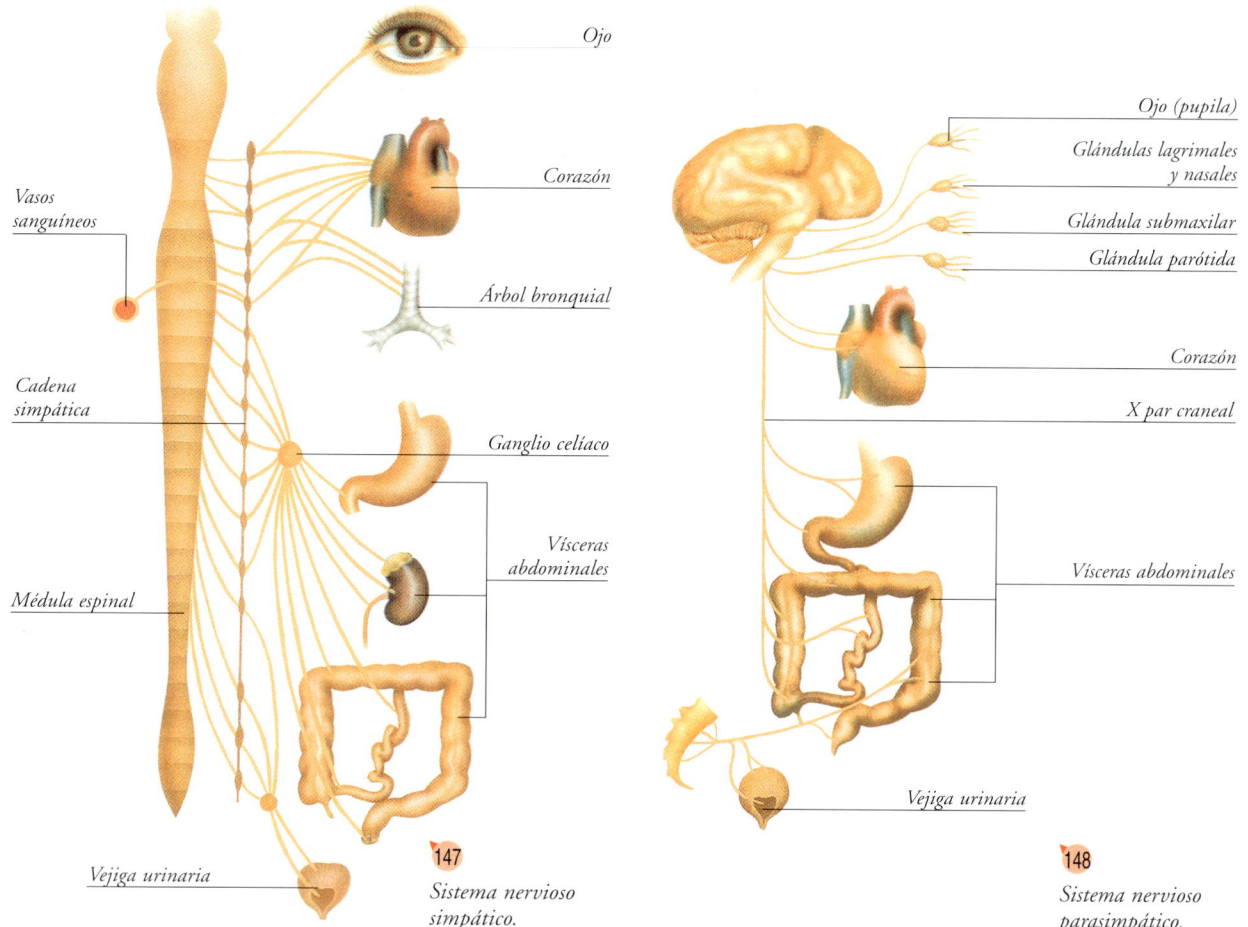

147 Sistema nervioso simpático.

148 Sistema nervioso parasimpático.

Motoras vegetativas. Estos estímulos son involuntarios y se dirigen hacia las vísceras, las glándulas, el sistema vascular...

Sistema nervioso vegetativo

El sistema nervioso vegetativo, o autónomo, es la parte del sistema nervioso que controla las funciones inconscientes viscerales, tan importantes para el funcionamiento de nuestro organismo. Controla acciones tan diversas como la potencia del latido cardíaco, la secreción de sudor y saliva, etcétera. En este sistema hay dos tipos de acciones completamente opuestas entre sí y canalizadas por dos tipos diferentes de vías:

El sistema nervioso simpático

Está constituido por una serie de ganglios unidos entre sí en forma de cadenas, a cada lado de la columna vertebral, y por algunos otros ganglios alejados de ella. De estas estructuras parte una gran cantidad de fibrillas que se dirigen hacia todo el organismo (fig. 147).

Las acciones más importantes del sistema nervioso simpático son:

— aumento del metabolismo y de la actividad cerebral;
— dilatación de los bronquios;
— dilatación de la pupila (llamada midriasis);
— aumento de la sudoración;
— aumento del ritmo y de la potencia del corazón;
— aumento de la presión sanguínea, gracias a la constricción de las arterias y arteriolas;
— estimulación de las glándulas suprarrenales para que segreguen noradrenalina, la cual a su vez mantiene estas acciones.

El sistema nervioso parasimpático

Las fibras que lo constituyen salen del sistema nervioso central a través de algunos nervios craneales y sacros. La mayoría de las fibras parasimpáticas discurren con el X par craneal o nervio vago, el cual inerva los pulmones, el corazón, el estómago, el intestino, el hígado y las vías biliares y las urinarias (fig. 148). Las principales acciones parasimpáticas son:

— contracción de la pupila (llamada miosis) y enfoque de la visión según la distancia;
— aumento de la secreción nasal, de saliva y de lágrimas;
— aumento de los movimientos y las secreciones intestinales;
— disminución del ritmo y de la potencia cardíacos;
— disminución de la presión arterial;
— regulación de las vías biliares y las urinarias.

Órganos de los sentidos

La vista. El oído

Los órganos de los sentidos son estructuras que poseen unos determinados mecanismos y células receptoras, con capacidad para convertir una serie de estímulos provenientes del exterior en estímulos eléctricos nerviosos, los cuales, conducidos al cerebro, son reconocidos como sensaciones visuales, táctiles, etcétera.

Sentido de la vista

El sentido de la vista es el más importante de todos ellos. Nos permite conocer el mundo en que vivimos. Gracias a él, podemos aprender la mayor parte de nuestros conocimientos. Su órgano receptor es el globo ocular.

El globo ocular tiene forma esférica, y mide aproximadamente unos 23 mm de diámetro. Está formado por varias capas y por unos elementos transparentes, en su interior, que permiten que la luz llegue hasta la retina (fig. 149).

El globo ocular está constituido por tres capas: la esclerótica, la úvea y la retina.

La esclerótica

La exterior, muy resistente y de color blanco. Por su parte anterior se continúa con la córnea. Ambas se hallan recubiertas por una fina membrana, transparente también, denominada *conjuntiva*.

La úvea

Es la capa intermedia del ojo. Tiene gran cantidad de elementos vasculares. Está compuesta a su vez por distintas estructuras:

El iris. Es de color variable. Está situado detrás de la córnea. En su centro tiene un orificio, denominado *pupila*, que varía de tamaño según la necesidad de que entre mayor o menor cantidad de luz.

El cuerpo ciliar. Se halla situado entre el iris (por delante) y la coroides (por detrás).

La coroides. Es una capa muy irrigada. Se halla situada entre la esclerótica y la retina, en la parte posterior del ojo.

La retina

Es la capa interna del ojo. Es transparente y muy delicada. Capta los estímulos visuales gracias a la existencia de unas células (*conos* y *basto-

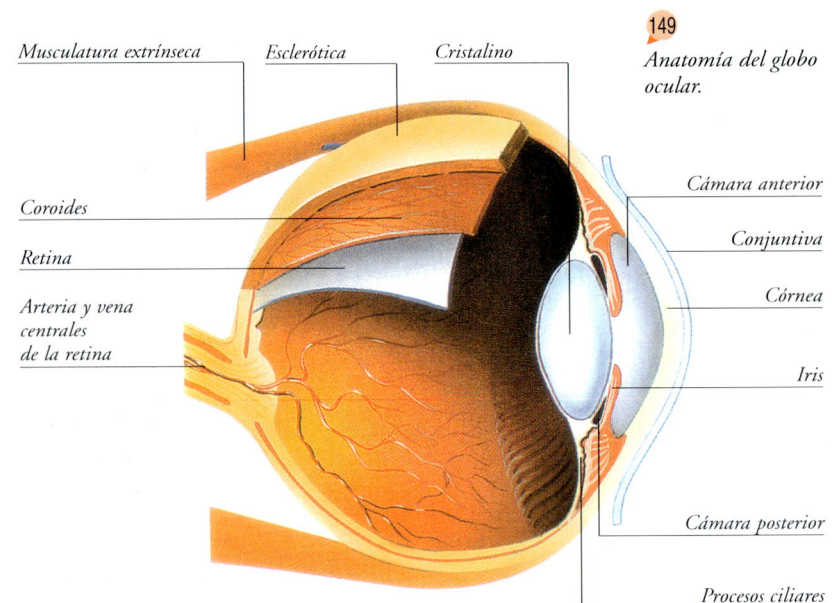

149 *Anatomía del globo ocular.*

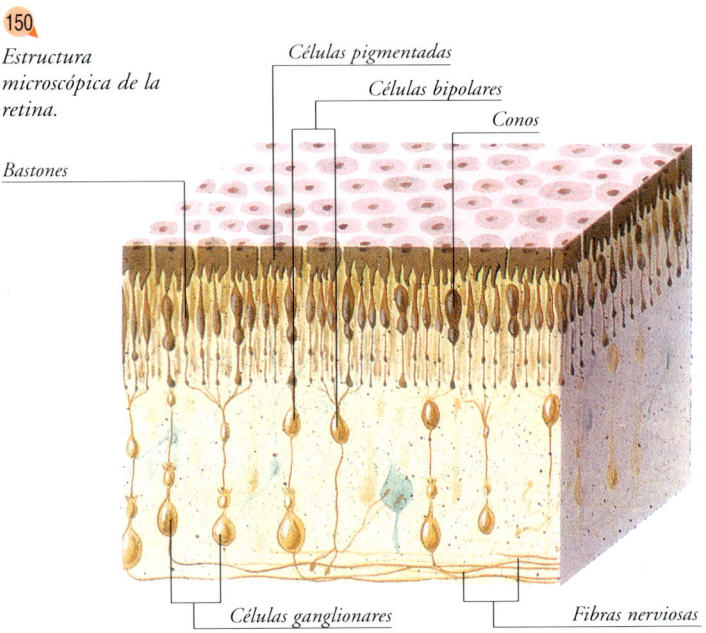

150 *Estructura microscópica de la retina.*

Anatomía

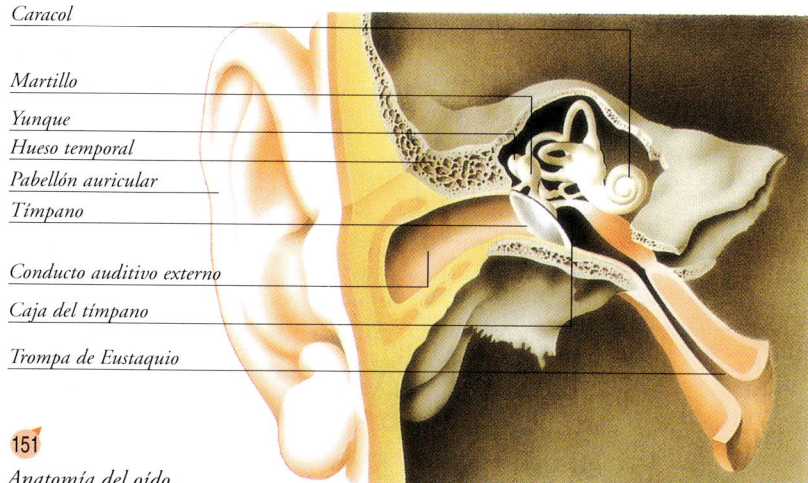

Caracol
Martillo
Yunque
Hueso temporal
Pabellón auricular
Tímpano
Conducto auditivo externo
Caja del tímpano
Trompa de Eustaquio

151

Anatomía del oído.

nes) sensibles a la luz. Estas células tienen unas prolongaciones que se dirigen hacia el nervio óptico, que recogerá dichos estímulos y los conducirá hacia el cerebro (fig. 150).

Además de estas tres capas, el globo ocular tiene una serie de estructuras transparentes que lo rellenan en su interior y lo recubren por delante. Estas estructuras son:

La córnea. Es una membrana completamente transparente. Está situada en la parte anterior del ojo, a continuación de la esclerótica.

El humor acuoso. Es un líquido de aspecto y consistencia acuosos. Se halla situado por delante del cristalino y detrás de la córnea.

El humor vítreo. Es una sustancia transparente y de consistencia gelatinosa. Se halla situado entre el cristalino y la retina.

Sentido del oído

El sentido del oído nos permite escuchar todos los sonidos que se producen a nuestro alrededor, su procedencia y sus características (intensidad, tono, timbre). Para ello, es necesario que se estimulen las células sensibles a los ruidos, situadas en el órgano de Corti (oído interno).

El sentido del oído tiene su asiento en el interior del hueso temporal del cráneo.

El oído se divide en (fig. 151):

Externo

Formado por el *pabellón auricular*, que tiene una forma especial para poder captar los sonidos, y por el *conducto auditivo externo*, que llega hasta el tímpano (oído medio).

Medio

Constituido por las siguientes estructuras:

Tímpano, una membrana que separa el oído externo del medio y que vibra con las ondas acústicas.

Caja del tímpano, una cavidad que pone en contacto el oído externo con el interno.

Cadena de huesecillos, unos pequeños huesos que transmiten las vibraciones desde el tímpano hasta la llamada ventana oval o entrada al oído interno.

Trompa de Eustaquio, un conducto que se abre en la caja del tímpano, comunicándola con la faringe.

Interno

El oído interno se divide a su vez en dos partes (fig. 152):

Laberinto anterior o coclear. Tiene forma de caracol y se halla lleno de un líquido (linfa). Las vibraciones que han llegado a la ventana oval (oído interno) pasan por dicho líquido y a través de él llegan hasta el interior del caracol. En su interior está el llamado *órgano de Corti,* que posee unas células que se estimulan con las vibraciones de la linfa. Estos estímulos son enviados hacia el nervio auditivo y de éste al cerebro, donde serán reconocidos como verdaderos sonidos, con todas sus características.

Laberinto posterior o vestibular. En él se asienta el sentido del equilibrio. Está formado por tres *conductos semicirculares* llenos de linfa. En su interior se hallan unas células sensibles a los movimientos.

152

Estructura del oído interno.

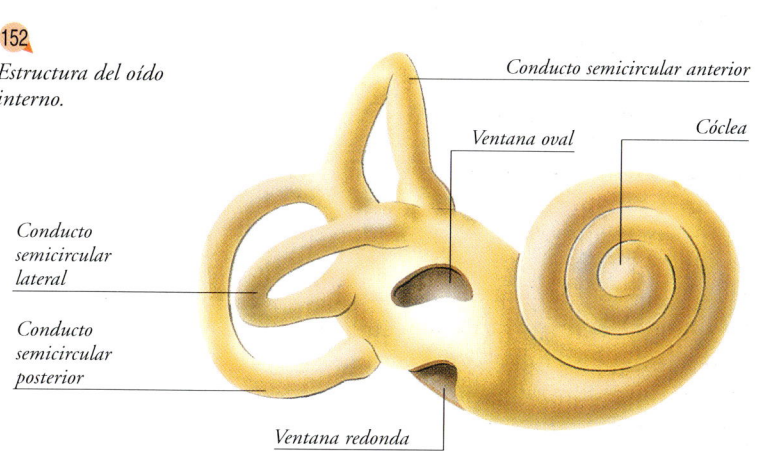

Conducto semicircular lateral
Conducto semicircular posterior
Ventana oval
Conducto semicircular anterior
Cóclea
Ventana redonda

79

Órganos de los sentidos

El gusto. El tacto. El olfato

El gusto

El sentido del gusto permite reconocer y diferenciar los diversos sabores que pueden tener las sustancias que ingerimos mediante la alimentación. Este reconocimiento tiene lugar en el sistema nervioso central y se produce porque en la cavidad bucal, en la faringe y en la lengua existen unos receptores de los sabores, de tipo químico. Son las *papilas gustativas* (figs. 153 y 154).

Los sabores fundamentales que pueden recoger las papilas son cuatro: ácido, amargo, salado y dulce. Mezclando los estímulos de estos cuatro sabores, en las proporciones adecuadas, se consiguen todos los demás. Las papilas gustativas, según su morfología, se llaman: *filiformes, fungiformes y caliciformes.*

Su distribución es la que se indica en la figura 153.

El tacto

El tacto es el sentido que nos permite reconocer un objeto y sus características al ponerlo en contacto con nuestra piel.

No todas las partes de nuestro cuerpo poseen la misma capacidad táctil. Las zonas donde esta capacidad está más desarrollada son las manos y, más específicamente, las yemas de los dedos. En otros puntos, como en la espalda o las piernas, este sentido se encuentra mucho menos desarrollado.

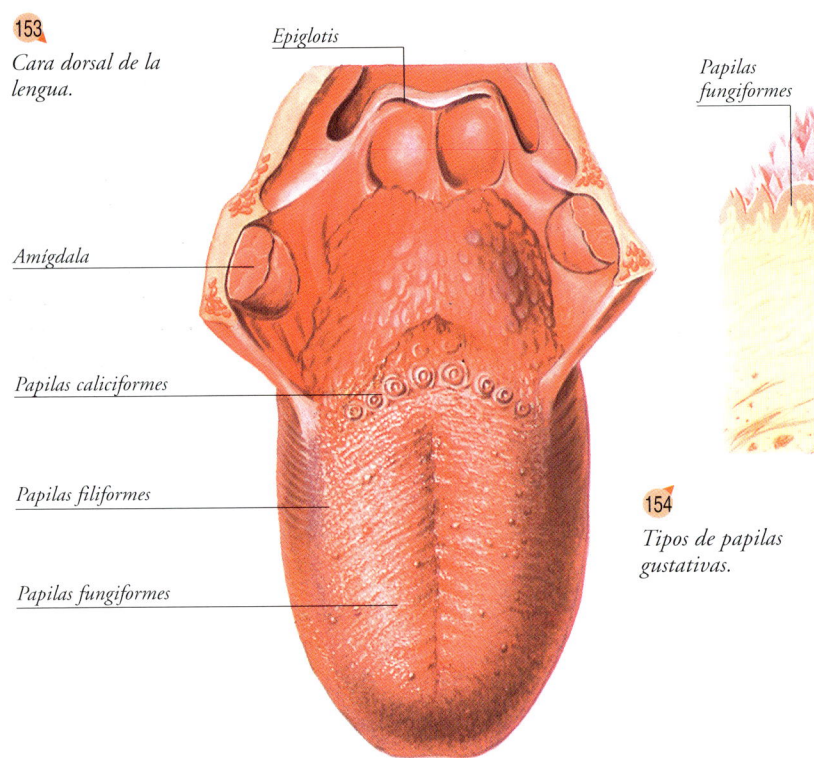

153 *Cara dorsal de la lengua.*

154 *Tipos de papilas gustativas.*

Aparte de las características ya expuestas, el sentido del tacto tiene una función muy importante: la de defensa o supervivencia. Al percibir una sensación dolorosa, ocasionada por un agente externo, se produce un movimiento automático del cuerpo, encaminado a apartarse de la causa que nos vulnera. Las personas que, por alguna enfermedad, tienen ausencia de sensibilidad, sufren con gran frecuencia lesiones corporales importantes, sin que consigan llegar a apreciarlas.

Las principales sensaciones táctiles que los diversos receptores pueden captar son:

Sensación de calor y de frío. Ambos, si son muy intensos, pueden producir sensaciones dolorosas.

Sensación de dolor.
Sensación táctil y de movimiento.
Sensación vibratoria y de presión.
Todas estas sensaciones tienen lugar principalmente en la piel. Para ello es preciso que se estimulen diversos tipos de terminaciones nerviosas que reciben el nombre de *corpúsculos táctiles* (de Krause, Meissner, Rufini, Pacini) (fig. 155). Se hallan situados en la dermis, es decir, en la capa profunda de la piel, y algunos de ellos pueden acabar en forma de terminaciones nerviosas libres.

Según se estimulen más unas de estas terminaciones que otras, se producen las diversas sensaciones táctiles (dolor, frío...).

Aunque los receptores de la piel (cutáneos) son los más importantes, también hay receptores diseminados por otras partes del cuerpo, especialmente en los tendones y las articulaciones. Estos receptores permiten

Anatomía

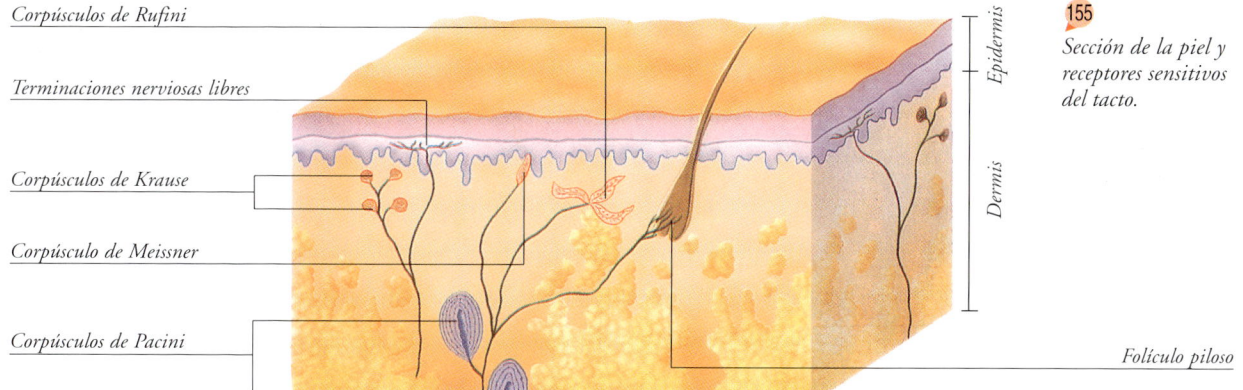

155 Sección de la piel y receptores sensitivos del tacto.

determinar en cada momento la posición corporal, el peso soportado, la tracción ejercida...

El olfato

El olfato es el sentido que permite determinar las diversas características de los estímulos olorosos que producen las diferentes sustancias. Los receptores de estos estímulos, de tipo químico, son unas células que se hallan situadas en la parte alta de las fosas nasales, en una zona mucosa llamada *mucosa olfatoria*.

En la especie humana este sentido aparece poco desarrollado y no tiene excesiva importancia para la relación de la especie. No ocurre lo mismo en algunos animales, en los que este sentido se halla muy perfeccionado y constituye una parte vital para su subsistencia (huir de peligros, procurarse alimentos...).

Para que una sustancia produzca olor es necesario que sea volátil, al menos en una pequeña proporción. Así puede llegar a las fosas nasales. Los receptores de los estímulos olorosos se adaptan con relativa rapidez a un olor determinado. Esto significa que al cabo de cierto tiempo de exposición al mismo producto acaban por dejar de percibir el olor que desprende.

Los estímulos olorosos captados por las células olfativas atraviesan, gracias a unas prolongaciones que poseen éstas, la base del cráneo (hueso etmoides) y penetran en el llamado *bulbo olfatorio* (fig. 156), desde el cual, y a través del *nervio olfatorio*, se dirigen hacia la correspondiente zona cerebral, en la que se reconocerán las características olorosas de los estímulos emitidos.

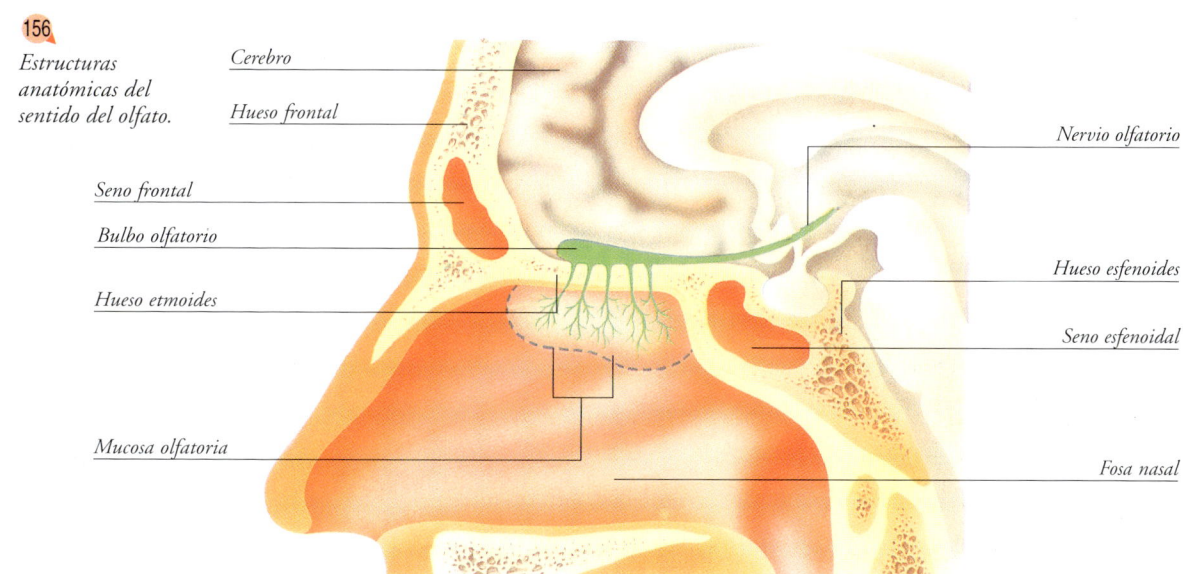

156 Estructuras anatómicas del sentido del olfato.

ÍNDICE

APARATO LOCOMOTOR

Generalidades 2
El esqueleto 4
Generalidades del sistema óseo 6
Huesos del cráneo 8
Huesos de la cara 10
La columna vertebral 12
Huesos del tórax 16
Huesos de las extremidades superiores 18
Huesos de la pelvis 20
Huesos de las extremidades inferiores 22
Tipos de articulaciones 24
Elementos de las articulaciones 26
Articulaciones de la cabeza y del tronco 28
Articulaciones de las extremidades superiores .. 30
Articulaciones de las extremidades inferiores .. 32
Generalidades del sistema muscular 34
Músculos de la cabeza y del cuello 38
Músculos del tronco 40
Músculos de la extremidades superiores 42
Músculos de la pelvis y de las extremidades
    inferiores 44

APARATO DIGESTIVO

Boca, faringe y esófago 46
Estómago e intestino 48
Circulación portal. Otros órganos
    abdominales 50

APARATO RESPIRATORIO

Vías respiratorias 52
Los pulmones. La respiración 54

APARATO CIRCULATORIO

El corazón 56
La circulación 58

SISTEMA LINFÁTICO

Vasos y ganglios linfáticos 60

Índice

APARATO EXCRETOR

Los riñones y las vías urinarias 62

APARATO REPRODUCTOR

Aparato reproductor masculino 64
Aparato reproductor femenino 66

SISTEMA ENDOCRINO

Las glándulas endocrinas 68

SISTEMA NERVIOSO

Generalidades 70
El encéfalo 72
Los pares craneales. La médula
 espinal 74
Nervios periféricos. Sistema nervioso
 vegetativo 76

ÓRGANOS DE LOS SENTIDOS

La vista. El oído 78
El gusto. El tacto. El olfato 80